普通高等职业教育"十三五"规划教材

21世纪高职高专规划教材●物流管理系列

条码技术与应用

主　编◎薛立立　董春利

副主编◎胡玉洁　缠　刚　张　扬

U0324143

中国人民大学出版社
·北京·

天津中德应用技术大学
2017年"一流应用技术大学"建设系列教材

编委会

总序

中国在各个领域保有快速发展的态势。在经济上，中国的国内生产总值大幅增加，同时经济结构也在发生改变。在这个变化过程中，越来越多的商品（产品）、服务、信息、支付流程等需要被快速及时地处理，物流的重要性与日俱增。物流过程包括物料流和信息流在企业、供应商以及客户之间的整体计划和控制，以确保所需的物料和信息在正确的时间、正确的地点，以正确的质量和数量送达正确的接收者。流程优化和降低成本贯穿整个过程。同时，经济因素以外的环境因素也越来越受到重视。物流过程也存在于企业内部。企业内部物流包括客户订单的处理、原料和服务的采购、产品的生产、物料的存储、企业内部的物料运输以及最终将产品交付给客户等环节。这涉及如何缩短交货时间、提高备货和交货可靠性、提高流转效率等问题。与此相伴的是现代化信息技术在物流的广泛应用。未来企业的内部物流以及企业、客户、供应商、银行、政府机构之间的物流过程将更加网络化和优化。

这些变革使职业教育面临挑战。职业教育的目的是"学习者行动能力"的获取，要让年轻人通过职业教育具备独立处理复杂操作过程的能力。这不仅要求受教育者掌握扎实的专业技能，同时对他们的人格素养和社会能力提出了更高的要求。专业能力毫无疑问是最重要的，现代化企业需要在专业上训练有素的员工。同时在现代职场中，责任心、可靠性、创造性以及团队精神、沟通合作能力已经成为衡量人才的重要因素。特别是在第四次工业革命时代（德国称之为工业4.0），员工的人格素养和社会能力显得尤为重要。此外，新时代的人才还要具备数字技能以及系统性学习和思考的能力。

如果想让学生为适应现代职场做好准备，我们还要注重对学生自主学习能力的培养。世界环境变化越快，对人们独立自主学习能力的要求越高。"自主学习"并不是天生的技能，学生需要逐步熟悉和掌握它，学校必须在此方面提供足够的帮助和引导。这不仅包括"知识"的学习，还包括如何使用这些知识。当然，对学校而言，知识的传授还是一如既往的重要，但仅有知识还不足以养成真正的职业行动能力，学生必须能够在新的环境中使用他们所获取的知识。现代职场往往意味着独立解决新的问题，因此课堂教学中必须贯彻"问题导向"的理念，在"问题导向"的教学过程中，学生将不断面对新的问题，他们必须展示出在新的情境中运用知识解决新问题的能力。从"知识"到"能力"的转化是教育中最困难的挑战之一。在教学中使用"学习情境"是实现这种转化的有效手段。教师将现实工作中的问题进行加工，形成符合教学规律的学习情境，再将其引入课堂教学中。这对老师来说是一项艰巨的任务，但是在理想情况下这能够提高学生的学习意愿。毕竟获取能力仅有知识和技能是不够的，学习意愿也很重要。

本系列教材旨在帮助学生更好地学习，不仅能在课堂上发挥作用，也可供学生在课下灵活安排时间学习。一本有吸引力的教材不仅要有合格的专业水准，同时还要能激励学生的学习意愿。作者一方面要保证专业内容的准确性，另一方面还要思考如何让学生能够准确理解书中的内容，对教材而言这尤为重要。根据以上标准，本系列教材无疑是具有吸引力的。

〔德〕赫尔穆特·贝克（Helmut Becker）

2018 年 9 月

前言

随着中国制造 2025、智慧物流、智慧城市以及物联网等概念的不断深化和落地实施，各个领域不同技术的发展都与信息技术紧密结合起来，条码技术作为信息技术领域最基础的自动识别技术，正发挥着越来越大的作用。共享单车、移动支付以及绿色无公害产品质量追溯等领域都出现了条码技术的身影。

本教材为天津中德应用技术大学"一流应用技术大学"建设成果，其主要特色体现在以下几个方面：

第一，以工学结合思想为主导，邀请企业现场工程师参与教材实践部分的编写，大部分实践任务都来源于企业现场。

第二，融入国际化元素，在天津中德应用技术大学物流管理专业德国专家赫尔穆特·贝克（Helmet Becker）教授的指导下，将本教材的编写体例与德国双元制人才培养模式相结合。

第三，增加其他先进的自动识别技术，满足各个领域对信息技术不同级别的需求。条码技术作为最基础的信息技术，需要与生物识别技术、图像识别技术以及 RFID 技术等信息技术结合使用，才能提供系统的自动识别技术解决方案。

本教材由天津中德应用技术大学物流管理专业教师薛立立以及天津市铭基伟业科技发展有限公司 PMC&IE 部门主管董春利担任主编，天津中德应用技术大学物流管理专业教师胡玉洁和张扬、天津中德应用技术大学物流系主任缠刚担任副主编。薛立立完成了本书理论篇以及实践篇中部分任务的编写工作，董春利完成了实践篇的素材搜集和整理工作，并完成了情境 3 中的任务 1 和任务 2 的编写，缠刚、胡玉洁、张扬以及赫尔穆特·贝克教授参与了本书的编写工作。

　　本书编写过程中多种创新元素的融入，对于编写团队来说是一种尝试，也是一种挑战，由于时间仓促及编者水平所限，书中难免有不妥之处，敬请读者批评指正！

编者

目录

理论篇

实践篇

理论篇

模 块 1
条码技术概述

知识目标

1. 条码技术的产生和发展过程；
2. 我国条码的管理机构；
3. 条码的基本概念；
4. 条码的符号结构；
5. 条码的分类；
6. 条码管理系统的基本结构。

情感目标

1. 培养学生积极主动的思考能力；
2. 提升学生的学习能力，不断学习新知识、新技术。

重难点

1. 代码及其长度的含义；
2. 码制和字符集的含义；
3. 条码的符号结构；
4. 条码的分类；
5. 条码管理系统的组成。

导入案例

早在 20 世纪 20 年代，一位名叫约翰·科芒德（John Kermode）的发明家想对邮政单据实现自动分拣，他的想法是在信封上做条码标记，条码中的信息是收信人的地址，为此约翰·科芒德发明了最早的条码标识，用一个"黑条"表示数字"1"，两个"黑条"表示数字"2"，依此类推。后来，他又发明了由基本的元件组成的条码识读设备：一个能够发射光并接收反射光的扫描器；一个测定反射信号条和空的元件，即边缘定位线圈；一个使用测定结果的元件，即译码器。

扫描器利用当时新发明的光电池来收集反射光。"空"反射回来的是强信号，"条"反射回来的是弱信号。与当今高速度的电子元件应用不同的是，约翰·科芒德利用磁性线圈来测定"条"和"空"。约翰·科芒德用一个带铁芯的线圈在接收到"空"的信号的时候吸引一个开关，在接收到"条"的信号的时候，释放开关并接通电路。因此，最早的条码阅读器噪音很大，开关由一系列的继电器控制，"开"和"关"由打印在信封上"条"的数量决定。通过这种方法，信件的自动分拣得以实现。

不久，约翰·科芒德的合作者道格拉斯·杨（Douglas Young）在 Kermode 码的基础上作了一些改进。Kermode 码所包含的信息量相当低，并且很难编出十个以上的不同代码。而 Young 码利用条之间空的尺寸变化以及条本身的宽窄表示信息，新的条码符号可在与 Kermode 码同样大小的空间内对 100 个不同的地区进行编码，而 Kermode 码只能对 10 个不同的地区进行编码。

1.1　条码技术发展概述

1.1.1　条码技术发展史

20 世纪 40 年代后期，美国的乔·伍德兰德（Joe Woodland）和贝尼·西尔佛（Beny Silver）两位工程师开始研究用条码表示食品项目并开发相应的自动识别设备，并于 1949 年获得了美国专利，这种条码图案如图 1-1 所示。该图案很像微型射箭靶，被称作公牛眼条码。靶的同心环由圆条和空白绘成。在原理上，公牛眼条码与后来的条码符号很接近，遗憾的是当时的商品经济还不十分发达，而且工艺上也没有达到印制这种条码的水平，因此该条码没有被普遍使用。20 年后，乔·伍德兰德作为 IBM 公司的工程师成为北美地区的统一代码——UPC 码的奠基人。吉拉德·费伊塞尔（Girad Feissel）等人于 1959 年申请了一项专利，将数字 0～9 中的每个数字用 7 段平行条表示。但是这种代码机器难以阅读，人读起来也不方便。不过，这一构想促进了条码码制的产生与发展。不久，E. F. 布林克尔（E. F. Brinker）申请了将条码标识在有轨电车上的专利。20 世纪 60 年代后期，西尔韦尼亚（Sylvania）发明了一种被北美铁路系统所采纳的条码系统。1967 年，辛辛那提市的 Kroger 超市安装了第一套条码扫描零售系统。

1970 年，美国超级市场 AdHoc 委员会（美国统一代码委员会前身）制定了通用商品代码——UPC（Universal Product Code）。UPC 商品条码首先在杂货零售业中使用，这为

图 1-1　公牛眼条码符号

以后该码制的统一和广泛采用奠定了基础。次年，布莱西公司研制出布莱西码及相应的自动识别系统，用于库存验算。这是条码技术第一次在仓库管理系统中应用。1972 年，莫那奇·马金（Monarch Marking）等人研制出库德巴条码（Coda Bar），它主要应用于血库，是第一个利用计算机校验准确性的码制。1972 年，交插 25 条码由 Intermec 公司的戴维·阿利尔（David Allair）发明，提供给 Computer-Identics 公司，此条码可在较小的空间内容纳更多的信息。至此，美国的条码技术进入了新的发展阶段。

1973 年，美国统一代码委员会（Uniform Code Council，UCC）成立，于同年建立 UPC 商品条码应用系统，并公布了 UPC 条码标准。食品杂货业把 UPC 商品条码作为该行业的通用商品标识，对条码技术在商业流通领域里的广泛应用起到了积极的推动作用。1974 年，戴维·阿利尔推出 39 条码，很快被美国国防部所采纳，作为军用条码码制。39 条码是第一个字母、数字式的条码，后来广泛应用于工业领域。

1976 年，美国和加拿大在超市中成功地使用了 UPC 商品条码应用系统，这给人们以很大的鼓舞，尤其使欧洲人产生了很大的兴趣。1977 年，欧共体在 12 位的 UPC-A 商品条码的基础上，开发出了与 UPC-A 商品条码兼容的欧洲物品编码系统（European Article Numbering System，简称 EAN 系统），并签署了欧洲物品编码协议备忘录，正式成立了欧洲物品编码协会（European Article Numbering Association，EAN）。1981 年，由于 EAN 已发展成为一个国际性组织，因而改称为"国际物品编码协会"（International Article Numbering Association，EAN International）。

20 世纪 80 年代以来，人们围绕如何提高条码符号的信息密度开展了多项研究工作。信息密度是描述条码符号的一个重要参数。通常把单位长度中可能编写的字符数叫作信息密度，记作：字符个数/cm。影响信息密度的主要因素是条空结构和窄元素的宽度。EAN-128 条码和 93 条码就是人们为提高信息密度而进行的成功的尝试。1981 年 128 条码由 Computer-Identics 公司推出；93 条码于 1982 年投入使用。这两种条码的符号密度均比 39 条码高出近 30%。此后，戴维·阿利尔又研制出第一个二维条码码制——49 条码。这是一种非传统的条码符号，它比以往的条码符号具有更高的密度。特德·威廉斯（Ted Williams）于 1988 年推出第二个二维条码码制——16K 条码。该码的结构类似于 49 条码，是一种比较新型的码制，适用于激光系统。1990 年 Symbol 公司推出二维条码 PDF417。

1994 年 9 月，日本 Denso 公司研制成 QR Code 码。目前的手机支付、共享单车扫码开锁以及电视节目中扫描二维码参与互动中使用的二维码都是 QR Code 码。2003 年中国龙贝公司研制出龙贝码。2005 年底，我国拥有完全自主知识产权的新型二维条码——汉信码诞生。汉信码填补了我国在二维条码码制标准应用中没有自主知识产权技术的空白。

1.1.2　条码识别技术发展概述

1951 年，美国的大卫·谢帕德（David Sheppard）博士研制出第一台实用光学字符（OCR）阅读器。此后 20 年间，50 多家公司和 100 多种 OCR 阅读器进入市场。1964 年识读设备公司（Recognition Equipment Inc.）在美国印第安纳州的本杰明·哈里森堡（Fort Benjamin Harison）安装了第一台带字库的 OCR 阅读器，它可以用来识读普通打印字符。1968 年第一家全部生产条码相关设备的公司 Computer-Identics 由大卫·柯林斯（David Collins）创建。1969 年第一台固定式氦-氖激光扫描器由 Computer-Identics 公司研制成功。1971 年 Control Module 公司的吉姆·比安科（Jim Bianco）研制出 PCP 便携式条码阅读器，这是首次在便携机上使用的微处理器（Intel 4004）和数字盒式存储器，此存储器提供 500K 存储空间，这在当时是最大的。该阅读器重 27 磅。同年，第一台便携笔式扫描装置 Norand 101 在 Norand 公司问世，预示着便携零售扫描应用的大发展和一个崭新的领域——自动识别技术的发展。它为实现"从货架上直接写出订单"提供了便利，大大减少了制订订货计划的时间。识别设备公司开发出手持式 OCR 阅读器用于 Sears 和 Roebuck。这是仓储业使用的第一台手持 OCR 阅读器。

1974 年，Intermec 公司推出 Plessey 条码打印机，这是行业中第一台"demand"接触式打印机。第一台 UPC 条码识读扫描器在美国俄克拉何马州的 Marsh 超级市场安装，那时只有 27 种产品采用 UPC 条码，超市设法自己建立价格数据库，扫描的第一种商品是十片装的 Wrigley 口香糖，标价 69 美分，由扫描器正确读出。许多来自各地的人们，纷纷前来观看机器的操作运行。十几年后，美国大多数的超级市场采用了扫描器，到 1989 年，17 180 家食品店装上了扫描系统，此数量占全美食品店的 62%。

1978 年，第一台注册专利的条码检测仪 Lasercheck 2701 由 Symbol 公司推出，从此专门的条码检测设备诞生了。1980 年，Sato 公司的第一台热转印打印机 5323 型问世，它最初是为零售业打印 UPC 码设计的。1981 年，条码扫描与 RF/DC（射频/数据采集）第一次共同使用，第一台线性 CCD 扫描器 20/20 由 Norand 公司推出。1982 年，Symbol 公司推出 LS7000，这是首部成功的商用手持式、激光光束扫描器，它标志着便携式激光扫描器应用的开始。不久 Dest 公司推出首台桌面电子 OCR 文件阅读器，该装置每小时可阅读 250 页。

1.1.3　条码技术在我国的发展

1. 我国条码应用发展历程

随着我国改革开放的不断推进，我们意识到国家一定要成立相应的编码组织，加入国际物品编码协会，才能够解决我国产品的出口急需。1988 年，国家技术监督局会同国家科委、外交部和财政部向国务院提交了成立中国物品编码中心并加入国际物品编码协会的请示报告。请示获批后，1988 年 12 月 28 日，中国物品编码中心正式成立。1991 年 4 月，经外交部批准，中国物品编码中心代表我国加入国际物品编码协会。中国商品获得以"690"开头的国际通用的商品条码标识。中国商品条码系统成员数量近年来迅速增加，截至 2016 年，我国使用商品条码的企业已接近 30 万家，注册商品条码信息 6 000 多万条。

2. 我国条码推进工程

党的十六大报告明确指出："以信息化带动工业化，优先发展信息产业，在经济和社会领域广泛应用信息技术。"条码技术推广应用工作作为我国信息化发展的重要基础工作之一，被国家列入"十五"计划纲要。这充分表明在世界经济一体化，我国加入 WTO 后的今天，条码推广应用工作在我国经济建设中已具有举足轻重的作用。为了使条码工作面向市场，适应加入 WTO 的需要，满足我国经济发展的需求，中国物品编码中心于 2003 年 4 月启动"中国条码推进工程"。

中国条码推进工程的总体目标是：根据我国条码发展战略，加速推进条码在各个领域的应用，利用 5 年时间，共发展系统成员 15 万家，到 2008 年实现系统成员数量翻一番，系统成员保有量居世界第二；使用条码的产品总数达到 200 万种；条码的合格率达到 85％。条码技术在零售、物流配送、连锁经营和电子商务等国民经济和社会发展的各个领域得到广泛应用；形成以条码技术为主体的自动识别技术产业。

中国条码推进工程启动之后，成效显著，截止到 2018 年 7 月 31 日，我国共有325 000 家企业成为中国商品条码系统成员。

3. 我国商品条码应用发展历程

在中国物品编码中心的组织和推动下，我国商品条码的发展主要经历了以下几个阶段：

第一阶段（1986—1995 年），主要解决产品出口对条码的急需，促进了我国对外贸易的发展。在此期间，完成了以下里程碑式工作：

● 1989 年 5 月，开发完成我国第一套条码生成软件。

● 1992 年 6 月，杭州解放路百货商店 POS 系统正式投入使用。

● 1993 年 5 月，联合全国 177 家商店发出《加速商品条码化的步伐》倡议书。

第二阶段（1996—2002 年），主要满足我国商品零售需求，促进商业流通模式变革。随着我国零售业对外开放，围绕我国超市对条码的需求，我们通过技术研发、标准制定和应用领域拓展，积极推动商品条码快速发展，满足了商业自动化和国内商业流通的需要。使用商品条码的产品近 100 万种，应用条码技术进行零售结算的超市近万家，我国商品条码的应用初具规模。在此期间，完成了以下里程碑式工作：

● 加大科研攻关和标准化工作，基本建成我国物品编码、商品条码技术和标准体系，为促进我国商贸流通和各行业信息化奠定了基础。

● 规范管理，《商品条码管理办法》正式实施。

● 建立了国家条码质量监督检验中心。

第三阶段（2003—2009 年），主要满足各行业信息化需求，提升信息化水平。

● 增强科研实力，完成一系列国家重大科研项目和标准制定与修订工作，获得国家有关部委的高度评价。

● 加强人才培养，在全国拥有 500 多个工作站、3 000 多名专业技术人员；在 200 多所高校开设课程，培养了 200 多名高校专业教师和 5 万多名大学生。

● 建立国家射频识别产品质量监督检验中心。

● 推动行业应用，条码技术从商业零售拓展到物流配送、食品药品追溯、服装、建材、生产过程管理、证照管理等对国民经济有重大影响、与百姓生活密切相关的领域。

第四阶段（2010 年至今），主要满足产品追溯需求，提升监管水平；满足电子商务需求，促进网络经济发展。目前已完成了以下里程碑式工作：

● 制定物联网统一标识标准体系。

● 加强自主创新，推动汉信码（二维码）形成开放系统的应用，并成为国际标准。

● 提出物联网物品统一标识 Ecode，建立我国首个物联网标准。

● 搭建国家产品基础数据库，服务社会经济发展。

● 服务网络经济，推进电子商务发展。

● 服务产品质量追溯，推进其在政府监管中的应用。

1.2　条码的基础知识

1.2.1　条码的基本概念

1. 条码

条码（bar code）是由一组规则排列的条、空及其对应字符组成的标记，用以表示特定的信息。

条码通常用来对物品进行标识。这个物品可以是用来进行交易的一个贸易项目，如一瓶啤酒或一箱可乐；也可以是一个物流单元，如一个托盘或一个集装箱。所谓对物品进行标识，就是首先给某一物品分配一个代码，然后以条码的形式将这个代码表示出来，并且标识在物品上，以便识读设备通过扫描识读条码符号而对该物品进行识别。图 1-2 即是标识在某商品上的条码符号。条码不仅可以用来标识物品，还可以用来标识资产、位置和服务关系等。

图 1-2　条码符号

2. 代码

代码（code）是指用来表征客观事物的一个或一组有序的符号。代码必须具备鉴别功能，即在一个信息分类编码标准中，一个代码只能唯一地标识一个分类对象，同样的一个分类对象只能有一个唯一的代码。比如按国家标准"人的性别代码"规定，代码"1"表示男性，代码"2"表示女性，这种表示是唯一的。我们在对项目进行标识时，首先要根据一定的编码规则为其分配一个代码，然后再用相应的条码符号将其表示出来。图 1-2 中的阿拉伯数字 6949999900073 即是该商品的标识代码，而在其上方由条和空组成的条码符号则是该代码的符号表示。

在不同的应用系统中，代码可以有含义，也可以无含义。有含义代码可以表示一定的信息属性，如：某厂的产品有多种系列，其中代码 60000～69999 是电器类产品；70000～79999 为汤奶锅类产品；80000～89999 为压力锅类炊具等。从编码的规律可以看出，代码的第一位代表了产品的分类信息，是有含义的。无含义代码则只作为分类对象的唯一标识，只代替对象的名称，而不提供对象的任何其他信息。

3. 码制

条码的码制是指条码符号的类型。每种类型的条码符号都是由符合特定编码规则的条和空组合而成。每种码制都具有固定的编码容量和所规定的条码字符集。条码字符中字符总数不能大于该种码制的编码容量。常用的一维条码码制包括：EAN 条码、UPC 条码、UCC/EAN-128 条码、交插 25 条码、39 条码、93 条码和库德巴条码等。

4. 字符集

字符集是指某种码制的条码符号可以表示的字母、数字和符号的集合。有些码制仅能表示 10 个数字字符，即 0～9，如 EAN/UPC 条码；有些码制除了能表示 10 个数字字符外，还可以表示几个特殊字符，如库德巴条码。39 条码可以表示数字 0～9、26 个英文字母 A～Z 以及一些特殊符号。几种常见码制的字符集如下：

（1）EAN 条码的字符集：数字 0～9。

（2）交插 25 条码的字符集：数字 0～9。

（3）39 条码的字符集：数字 0～9；英文字母 A～Z；特殊字符，包括－ · ＄ ％ 空格 / ＋。

5. 连续性与非连续性条码

条码符号的连续性是指每个条码字符之间不存在间隔。相反，非连续性是指每个条码字符之间存在间隔，如图 1-3 所示，该图为 25 条码的字符结构。从图 1-3 中可以看出，字符与字符间存在着间隔，所以是非连续的。

从某种意义上讲，由于连续性条码不存在条码字符间隔，所以密度相对较高。而非连续性条码的密度相对较低。所谓条码的密度即是单位长度的条码所表示的条码字符的个数。由于非连续性条码字符间隔引起的误差较大，一般规范不给出具体指标限制。而对连续性条码除了控制条和空的尺寸误差外，还需控制相邻条与条、空与空的相同边缘间的尺寸误差及每一条码字符的尺寸误差。

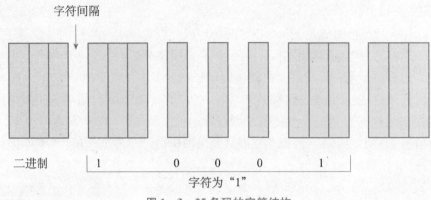

图 1-3 25 条码的字符结构

6. 定长条码与非定长条码

定长条码是字符个数固定的条码，仅能表示固定字符个数的代码。非定长条码是指字符个数不固定的条码，能表示可变字符个数的代码。例如：EAN/UPC 条码是定长条码，它们的标准版仅能表示 12 个字符；39 条码则为非定长条码。

定长条码由于限制了表示字符的个数，其译码的误识率相对较低，因为就一个完整的条码符号而言，任何信息的丢失都会导致译码的失败。非定长条码具有灵活、方便等优点，但受扫描器及印刷面积的限制，它不能表示任意多个字符，并且在扫描阅读过程中可能产生因信息丢失而引起译码错误。这些缺点在某些码制（如交插 25 条码）中出现的概率相对较大，但是这个缺点可以通过增强识读器或计算机系统的校验程度来克服。

7. 双向可读性

条码符号的双向可读性，是指从左、右两侧开始扫描都可被识别的特性。绝大多数码制都可以双向识读，所以都具有双向可读性。事实上，双向可读性不仅是条码符号本身的特性，也是条码符号和扫描设备的综合特性。对于双向可读的条码，识读过程中译码器需要判别扫描方向。有些类型的条码符号，其扫描方向的判定是通过起始符与终止符来完成的，如 39 条码、交插 25 条码和库德巴条码。有些类型的条码，由于从两个方向扫描起始符和终止符所产生的数字脉冲信号完全相同，所以无法用它们来判别扫描方向，如 EAN 和 UPC 条码。在这种情况下，扫描方向的判别是通过条码数据符的特定组合来完成的。对于某些非连续性条码符号，如 39 条码，由于其字符集中存在着条码字符的对称性，在条码字符间隔较大时，很可能出现因信息丢失而引起的译码错误。

8. 自校验特性

条码符号的自校验特性是指条码字符本身具有校验特性。在条码符号中，如果一个印刷缺陷（例如，因出现污点把一个窄条错认为宽条，而相邻宽空错认为窄空）不会导致替代错误，那么这种条码就具有自校验功能。如 39 条码、库德巴条码、交插 25 条码都具有自校验功能；而 EAN 和 UPC 条码、93 条码等就没有自校验功能。自校验功能也能校验出一个印刷缺陷。对于多于一个的印刷缺陷，任何具有自校验功能的条码都不可能完全校验出来。对于某种码制来说，是否具有自校验功能是由其编码结构决定的。码制设置者在设置条码符号时，均须考虑自校验功能。

9. 条码密度

条码密度是指单位长度条码所表示条码字符的个数。显然，对于任何一种码制来说，各单元的宽度越小，条码符号的密度就越大，就越节约印刷面积。但由于印刷条件及扫描条件的限制，我们很难把条码符号的密度做得太大。39 条码的最大密度为 9.4 个/25.4mm（9.4 个/英寸）；库德巴条码的最大密度为 10.0 个/25.4mm（10.0 个/英寸）；交插 25 条码的最大密度为 17.7 个/25.4mm（17.7 个/英寸）。

条码密度越大，所需扫描设备的分辨率也就越高，这必然增加扫描设备对印刷缺陷的敏感性。

10. 条码质量

条码质量指的是条码的印制质量，主要从外观、条（空）反射率、条（空）尺寸误差、空白区尺寸、条高、数字和字母的尺寸、校验码、译码正确性、放大系数、印刷厚度和印刷位置几个方面进行判定。条码的质量检验需严格按照有关国家标准进行。

条码的质量是确保条码正确识读的关键。不符合国家标准技术要求的条码，不仅会因扫描仪器拒读而影响扫描速度，降低工作效率，还可能造成误读进而影响信息采集系统的正常运行。因此确保条码的质量是十分重要的。

1.2.2 条码的符号结构

一个完整的条码符号是由两侧空白区、起始字符、数据字符、校验字符（可选）和终止字符以及供人识读字符组成，如图 1-4 所示。

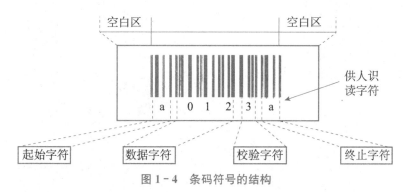

图 1-4 条码符号的结构

相关术语的解释如下：

（1）空白区（clear area）：条码起始符、终止符两端外侧与空的反射率相同的限定区域。

（2）起始字符（start character；start cipher；start code）：位于条码起始位置的若干条与空。

（3）终止字符（stop character；stop cipher；stop code）：位于条码终止位置的若干条与空。

（4）数据字符（bar code character set）：表示特定信息的条码字符。

（5）校验字符（bar code check character）：表示校验码的条码字符。

（6）供人识读字符：位于条码字符的下方，与相应的条码字符相对应的、用于供人识别的字符。

1.2.3　条码的分类

条码的分类方式很多，可按照维数、码制、用途以及条码符号载体的材质等进行分类，常用的分类方式是按照维数进行分类，可分为一维条码和多维条码。

1. 一维条码

如图 1-4 所示即为一维条码，自出现以来，便在各个领域被广泛应用。但是由于一维条码的信息容量很小，只能表示有限位数的数字或数字与字母组合等非描述性信息，更多的物品详细描述性信息只能依赖数据库的支持，离开了预先建立的数据库，这种条码就变成了无源之水、无本之木，因而条码的应用范围受到了一定的限制。一维条码根据应用领域的不同，可分为商品条码和物流条码。商品条码主要用于商品标示，常用码制是 EAN 条码和 UPC 条码；物流条码主要用于可见物品的流通和保存过程，常用码制是 128 条码、ITF 条码、39 条码以及库德巴条码等。一维条码示例如图 1-5 所示。

图 1-5　一维条码示例

2. 多维条码

多维条码主要包括二维条码和三维条码。二维条码是用按一定规律在平面（二维方向上）分布的黑白相间的图形记录数据符号信息的；在代码编制上巧妙地利用构成计算机内部逻辑基础的"0""1"比特流的概念，使用若干个与二进制相对应的几何形体来表示文字、数据信息，通过图像输入设备或光电扫描设备自动识读以实现信息的自动处理。它具有条码技术的一些共性：每种码制有其特定的字符集；每个字符占有一定的宽度；具有一定的校验功能等。除了具有一维条码的优点外，它还有信息容量大、可靠性高、保密和防伪性强、易于制作、成本低等优点。二维条码根据构成原理和结构形状的差异，可分为两大类型：一类是行排式二维条码（2D stacked bar code）；另一类是矩阵式二维条码（2D matrix bar code）。

行排式二维条码是由多行短截的一维条码堆叠而成的，如图 1-6 所示。其编码原理是建立在一维条码基础之上的。它在编码设计、校验原理、识读方式等方面继承了一维条码的一些特点，识读设备和条码印刷与一维条码技术兼容。但由于行数的增加，需要对行进行判定，其译码算法和软件也不完全与一维条码相同。具有代表性的行排式二维条码有：Code 16K，Code 49，PDF417，Micro PDF417 等。

图 1-6　行排式二维条码

矩阵式二维条码是在一个矩形空间通过黑、白像素在矩阵中的不同分布进行编码。在矩阵相应元素位置上，用点（方点、圆点或其他形状）的出现表示二进制"1"，用点的不出现表示二进制的"0"，点的排列组合决定了矩阵式二维条码所代表的意义。如图 1-7 所示为矩阵式二维条码。矩阵式二维条码是建立在计算机图像处理技术、组合编码原理等基础上的一种新型图形符号自动识读处理码制。具有代表性的矩阵式二维条码有：Code One，Maxi Code，QR Code，Data Matrix，汉信码，Grid Matrix 等。

图 1-7　矩阵式二维条码

目前，二维码已被广泛应用于信息获取（名片、地图、Wi-Fi 密码、资料）、网站跳转（跳转到微博、网站）、广告推送（用户扫码，直接浏览商家推送的视频、音频广告）、手机电商（用户扫码，用手机直接购物下单）、防伪溯源（用户扫码即可查看生产地，同时后台可以获取最终消费地）、优惠促销（用户扫码，下载电子优惠券、参与抽奖）、会员管理（用户手机上获取电子会员信息、VIP 服务）以及手机支付（扫描二维码，通过银行或第三方支付平台提供的手机端通道完成支付）等。

三维码是在二维码的基础上，在平面上运用色彩和灰度表示第三个维度，与传统二维码相比，除具有相同的字符集和易识别性外，还具有更大的信息容量和更好的安全性。

1.3　条码的管理

1.3.1　国际条码的管理

1. 美国统一代码委员会

1973 年美国统一代码委员会（UCC）建立了 UPC 条码系统，并全面实现了该码制的标准化。UPC 条码成功地应用于商业流通领域中，对条码的应用和普及起到了极大的推动作用。自条码系统建立以来，美国统一代码委员会一直以顾客需求为导向，孜孜不倦地改进与创新标准化技术，并不断探索适用于全球供应链的有效解决方案。

2. 欧洲物品编码协会

1977 年成立的欧洲物品编码协会（European Article Numbering System，EAN），负责制定和管理欧洲物品编码标准。随着世界各主要国家的编码组织相继加入，EAN 逐渐发展为世界性的物品编码组织，1981 年更名为"国际物品编码协会"（International Article Numbering Association，IAN）。2005 年 2 月，IAN 正式更名为 GS1。

国际物品编码协会（Globe Standard 1，GS1）是全球性的、中立的非营利性组织，总部设在布鲁塞尔。该组织负责制定全球跨行业的产品、运输单元、资产、位置和服务的标识标准体系及信息交换标准体系，使产品在全世界都能够被扫描和识读，致力于通过制定全球统一的产品标识和电子商务标准，实现供应链的高效运作与可视化。

3. EAN 与 UCC 的联盟及 GS1 标准体系的形成

EAN 自成立以来，不断加强与美国统一代码委员会（UCC）的合作，先后两次达成 EAN/UCC 联盟协议，以共同开发管理 EAN·UCC 系统。在 1987 年的 IAN 全体会议上，IAN 和 UCC 达成了一项联盟协议，根据这项协议，IAN 的各会员国（地区）的出口商若需要 UPC 条码，可以通过当地的 IAN 编码组织向 UCC 申请 UPC 厂商代码。

1989 年，双方共同合作开发了 UCC/EAN-128 码，简称 EAN-128 码。2002 年 11 月 26 日，IAN 正式接纳 UCC 成为其会员。UCC 的加入有助于实现制定无缝的、有效的全球标准的共同目标。

2005 年 2 月，IAN 更名为 GS1 后，EAN·UCC 系统被称为 GS1 系统。GS1 系统被广泛应用于商业、工业、产品质量跟踪追溯、物流、出版、医疗卫生、金融保险和服务业，在现代化经济建设中发挥着越来越重要的作用。

1.3.2　中国条码的管理

中国物品编码中心是统一组织、协调、管理我国商品条码、物品编码与自动识别技术的专门机构，隶属于国家市场监督管理总局（原国家质量监督检验检疫总局），1988 年成立，1991 年 4 月代表我国加入国际物品编码协会，负责推广国际通用的、开放的、跨行业的全球统一编码标识系统和供应链管理标准，向社会提供公共服务平台和标准化解决方案。全球统一标识系统是全球应用最为广泛的商务语言，商品条码是其基础和核心。截至目前，中国物品编码中心累计向 50 多万家企业提供了商品条码服务，全国有上亿种商品上印有商品条码。

中国物品编码中心在全国设有 47 个分支机构，形成了覆盖全国的集编码管理、技术研发、标准制定、应用推广以及技术服务为一体的工作体系。中国物品编码中心的主要职责包括以下几个方面：

（1）统一协调管理全国物品编码工作。负责组织、协调、管理全国商品条码、物品编码、产品电子代码（EPC）与自动识别技术工作，贯彻执行我国物品编码与自动识别技术发展的方针、政策，落实《商品条码管理办法》。对口国际物品编码协会（GS1），推广全球统一标识系统和我国统一的物品编码标准。组织领导全国 47 个分支机构做好商品条码、物品编码的管理工作。

（2）开展物品编码与自动识别技术科研标准化工作。重点加强前瞻性、战略性、基础性、支撑性技术研究，提出并建立了国家物品编码体系，研究制定了物联网编码标识标准体系，制定和修订 70 多项物品编码与自动识别技术相关国家标准，取得了一批具有自主知识产权的科技成果，推动汉信码成为国际 ISO 标准，有力地促进了国民经济信息化的建设和发展。

（3）推动物品编码与自动识别技术的广泛应用。物品编码与自动识别技术已经广泛应用于我国的零售、食品安全追溯、医疗卫生、物流、建材、服装、特种设备、商品信息服务、电子商务、移动商务等领域。商品条码技术为我国的产品质量安全、诚信体系建设提供了可靠的产品信息和技术保障。目前，我国有 3 000 多万种产品包装上使用了商品条码标识；使用条码技术进行自动零售结算的商店已达上百万家。

（4）全方位提供高品质物品编码服务。完善商品条码系统成员服务，积极开展信息咨询和技术培训。通过国家条码质量监督检验中心和国家射频产品质量监督检验中心，向社会提供质量检测服务。通过中国商品信息服务平台，实现全球商品信息的互通互联，保障企业与国内外合作伙伴之间数据传递的准确、及时和高效，提高了我国现代物流、电子商务以及供应链运作的效率。

中国物品编码中心和国际物品编码协会是什么关系？

1.4　基于条码的管理信息系统

从概念上看，管理信息系统由四大部分组成，即信息源、信息处理器、信息用户和信息管理者，如图 1-8 所示。

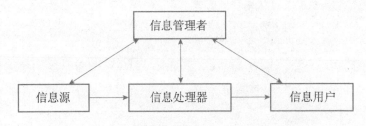

图 1-8　管理信息系统总体构成

条码技术应用于管理信息系统中，使信息源（条码符号）→信息处理器（条码扫描器 POS 终端、计算器）→信息用户（使用者）的过程自动化，不需要更多的人工介入。这将大大提高许多计算机管理信息系统的实用性。

条码技术的应用与数据库技术有着非常密切的关系。本书模块 8"条码应用系统"将进行详细介绍。

思维导图

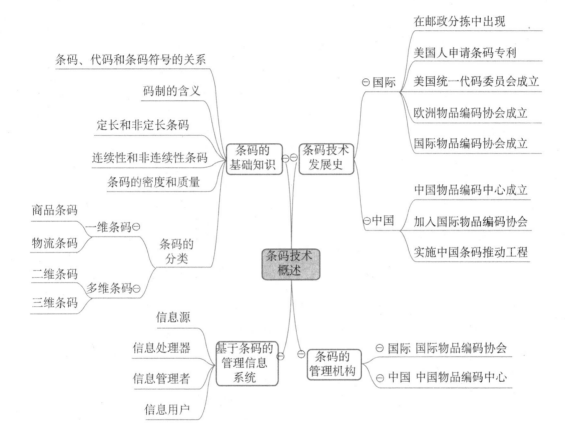

思考题

1. 简述条码技术的产生过程。

2. 简述条码技术在我国的发展历程。

3. 谈谈在日常生活中哪些地方用到了条码，它们属于哪种类型的条码。

4. 如果一家新成立的食品生产企业想为自己的产品赋予商品条码，需要找什么部门申请？

议一议

随着我国零售业的发展以及进口商品类型的不断增加，我国与国际物品编码协会的关系日益密切，在国际物品编码协会组织的相关会议上也开始拥有发言权。

请以小组形式议一议：我国在国际物品编码协会地位的提升和我国经济发展之间有何关联？

模块 2

GS1系统

知识目标

1. GS1 系统的定义及特点；
2. GS1 系统编码体系；
3. GS1 系统载体技术标准；
4. GS1 系统数据共享标准。

情感目标

1. 能够与时俱进，时刻关注新科技、新动态；
2. 培养学生的国际化视野和创新思维。

重难点

1. GS1 系统的编码体系；
2. GS1 系统的载体标准；
3. GS1 系统的数据共享标准。

 导入案例

GS1 系统在农产品质量安全追溯系统中的应用

我们饭桌上的食物从哪儿来？是怎样抵达超市的？"有机食品"真的是无污染的天然食品吗？食品中是否含有可导致家庭成员过敏的成分？在种植和收获的过程中

是否做到了环保和可持续发展? 食品安全追溯可以回答以上的问题, 它能告诉我们从农场到厨房的每一步都发生了什么。国际物品编码协会 (GS1) 作为服务于 150 个国家和地区的非营利性公益组织, 提出了一套跨行业的、通用的食品安全追溯解决方案——GS1 追溯标准, 实现了复杂供应链中种植者、生产商、零售商、供货商、软硬件开发商、政府等参与者的协同工作。

GS1 追溯标准提供了食品供应链中用于标识物品或服务的一套完整的编码体系, 使用自动数据采集技术, 对食品原料的种植、加工、包装、贮藏、运输及销售等供应链环节的管理对象进行标识, 并相互链接。采用 GS1 追溯标准对食品供应链的每一个节点进行有效标识, 通过扫描食品标签上的条码, 可以获取各个节点的数据编码信息, 包括分配给每个产品的全球唯一的 GS1 标识代码, 即全球贸易项目代码 (GTIN)、全球位置码 (GLN)、系统货运包装箱代码 (SSCC) 和批次号、有效期、保质期等属性代码。一旦食品出现安全问题, 可以通过这些标识进行追溯, 快速缩小食品安全问题的范围, 准确查出问题出现的环节, 直至追溯到食品生产的源头并全部召回。

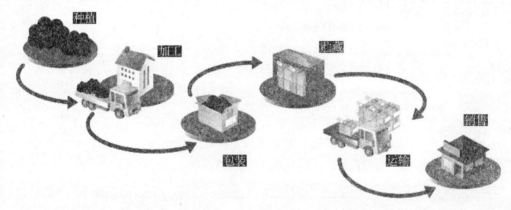

消费者购买的食品如果发现了问题, 可以利用 GS1 追溯标准实现从餐桌、超市 (零售店)、运输、加工到种植或养殖等各环节的层层追溯, 快速确定问题原因及范围, 把对消费者的危害和各方经济损失降到最低。下面是对问题食品进行全程追溯的解析示意图:

3 零售物流中心

- 在库存和出货区域确认需要清点和撤回的包装箱和托盘（SSCC），以及已经发送到零售店的包装箱和托盘；
- 清理和撤回问题食品（SSCC）；
- 向零售店提供需要清理食品的SSCC和追溯码（GTIN+批次号）。

追溯码：010595245410001110020704250101

2 零售店

- 零售店根据追溯码（GTIN+批次号）清点和撤回问题食品。

追溯码：010595245410001110020704250101

4 分销商

- 分销商将消费者投诉转发给供应商（即产品的制造商），并告知问题食品的追溯码。

追溯码：010595245410001110020704250101

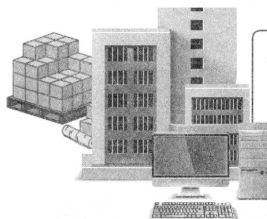

制　造　商

- 制造商决定撤回存在问题的产品；
- 制造商在追溯系统中查询问题产品所用原材料的批次记录信息；
- 确定需要撤回产品的包装箱和托盘的SSCC（这些产品可能处在运输过程中、外部仓库中或客户手中）；
- 对还在库存中的包装箱和托盘进行清点；
- 确认客户（GLN），并向他们提供需要清点和撤回的产品信息（SSCC、GTIN、批次号）；
- 若问题因原材料而产生，制造商需对出现异常情况的原材料进行识别并确定原材料供应商（GLN）。

追溯码：0100905245410001110020704250101

6 **原材料供应商**

- 原材料供应商对导致异常情况的原因进行分析并确定问题原材料的批次号；
- 确认同批次的所有产品（SSCC）；
- 向客户通知问题的性质和问题原材料的批次号；
- 原材料供应商对问题原材料进行识别并确定其种植者或养殖者。

追溯码：0100905245410001110020704250101

种植者/养殖者

* 种植者或养殖者确认并清点出问题原材料，及时妥善处理（GLN）。

7

2.1 GS1 系统概述

自 2005 年 2 月，IAN 正式更名为 GS1 后，GS1 系统作为国际通用的商品标识体系的地位已经确定。在此基础上，GS1 系统在全球范围内陆续启动建设全球产品分类数据库、推广应用射频标签对流通中的商品分别标识以及用于流通领域电子数据交换规范（EAN-COM/ebXML）等新技术。目前，GS1 不断通过技术创新、技术支持和制定物流供应与管理的多行业标准，努力实现"在全球市场中采用一个标识系统"的终极目标。

国际物品编码协会在射频识别、Databar（Rss）、复合码、XML、高容量数据载体、数据语法以及全球运输项目、全球位置码信息网络、鲜活产品跟踪和国际互联产品电子目录等领域和项目中不断开发和扩展 GS1 系统的应用领域。GS1 标准系统是以全球统一的物品编码体系为中心，集条码、射频等自动数据采集、电子数据交换等技术系统于一体的，服务于物流供应链的开放的标准体系。采用这套系统，可以实现信息流和实物流快速、准确地无缝链接。GS1 标准系统主要包含三部分内容：编码体系，数据载体，电子数据交换标准，如图 2-1 所示。

作为全球通用的标准系统，GS1 标准系统主要具有以下四个特点：

（1）系统性。GS1 标准系统拥有一套完整的编码体系，采用该系统对供应链各参与

图 2-1   GS1 标准系统的内容

方、贸易项目、物流单元、资产、服务关系等进行编码，解决了供应链上信息编码不唯一的难题。这些标识代码是计算机系统信息查询的关键字，是信息共享的重要手段。同时，也为采用高效、可靠、低成本的自动识别和数据采集技术奠定了基础。

此外，GS1 标准系统的系统性还体现在它通过流通领域电子数据交换规范（EAN-COM）进行信息交换。EANCOM 以 GS1 系统代码为基础，是联合国 EDIFACT 的子集。这些代码及其他相关信息以 EDI 报文形式传输。

（2）科学性。GS1 标准系统对不同的编码对象采用不同的编码结构。这些编码结构间存在内在联系，因而具有整合性。

（3）全球统一性。GS1 标准系统广泛应用于全球流通领域，已经成为事实上的国际标准。

（4）可扩展性。GS1 标准系统是可持续发展的。随着信息技术的发展与应用，该系统也在不断发展和完善。产品电子代码（Electronic Product Code，EPC）就是该系统的新发展。GS1 标准系统通过向供应链参与方及相关用户提供增值服务，来优化整个供应链的管理效率。GS1 标准系统已经广泛应用于全球供应链中的物流业和零售业，避免了众多互不兼容的系统所带来的时间和资源的浪费，降低系统的运行成本。采用全球统一的标识系统，能保证全球企业采用一个共同的数据语言实现信息流和物流快速、准确地无缝链接。

 在日常生活中，你见过哪些 GS1 标准系统应用的实例？

2.2   GS1 编码标识标准体系

GS1 标准体系是一套全球统一的标准化编码体系。编码标识标准是 GS1 系统的核心。GS1 的编码体系主要包括标识代码体系、附加属性代码体系，如图 2-2 所示。

标识代码体系，指贸易项目、物流单元、资产、位置、服务等全球唯一的标识代码。GS1 系统的标识代码体系主要包括六个部分，即全球贸易项目代码、系列货运包装箱代码、全球位置码、全球可回收资产标识、全球服务关系代码和全球单个资产标识。

附加属性代码体系，指附加于贸易项目的其他描述信息（如批号、日期和度量）的编码。例如，系列货运包装箱代码应用标识符"00"，全球贸易项目代码应用标识符"01"，生产日期应用标识符"11"等。附加属性代码不能脱离标识代码独立存在。

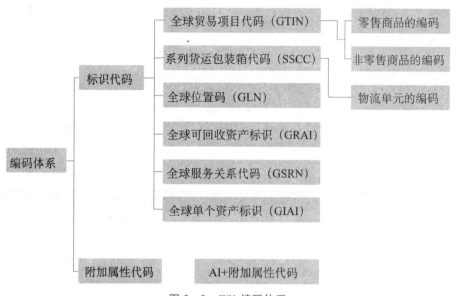

图 2-2　GS1 编码体系

GS1 通用说明 2016 版共包括下述代码。

2.2.1　全球贸易项目代码

全球贸易项目代码（Global Trade Item Number，GTIN）是编码系统中应用最广泛的标识代码。贸易项目是指一项产品或服务。GTIN 是为全球贸易项目提供唯一标识的一种代码（称代码结构）。GTIN 有四种不同的代码结构：GTIN-14、GTIN-13、GTIN-12 和 GTIN-8（见图 2-3）。这四种结构可以对不同包装形态的商品进行唯一编码。标识代码无论应用在哪个领域的贸易项目上，每一个标识代码都必须以整体方式使用。完整的标识代码可以保证在相关的应用领域内全球唯一。

GTIN-14 代码结构	包装指示符	包装内含项目的 GTIN（不含校验码）	校验码
	N_1	$N_2\ N_3\ N_4\ N_5\ N_6\ N_7\ N_8\ N_9\ N_{10}\ N_{11}\ N_{12}\ N_{13}$	N_{14}

GTIN-13 代码结构	厂商识别代码　　商品项目识别代码	校验码
	$N_1\ N_2\ N_3\ N_4\ N_5\ N_6\ N_7\ N_8\ N_9\ N_{10}\ N_{11}\ N_{12}$	N_{13}

GTIN-12 代码结构	厂商识别代码　　商品项目识别代码	校验码
	$N_1\ N_2\ N_3\ N_4\ N_5\ N_6\ N_7\ N_8\ N_9\ N_{10}\ N_{11}$	N_{12}

GTIN-8 代码结构	商品项目识别代码	校验码
	$N_1\ N_2\ N_3\ N_4\ N_5\ N_6\ N_7$	N_8

图 2-3　GTIN 的四种代码结构

对贸易项目进行编码和符号表示，能够实现商品零售（POS）、进货、存补货、销售分析及其他业务运作的自动化。

2.2.2　系列货运包装箱代码

系列货运包装箱代码（Serial Shipping Container Code，SSCC）是为物流单元（运输和/或贮藏）提供唯一标识的代码，具有全球唯一性。系列货运包装箱代码的代码结构见表 2-1。系列货运包装箱代码由扩展位、厂商识别代码、系列号和校验码四部分组成，是18位的数字代码。它采用 GS1-128 条码符号表示。

表 2-1　　　　　　　　　　　　　SSCC 代码结构

结构种类	扩展位	厂商识别代码	系列号	校验码
结构一	N_1	$N_2 N_3 N_4 N_5 N_6 N_7 N_8$	$N_9 N_{10} N_{11} N_{12} N_{13} N_{14} N_{15} N_{16} N_{17}$	N_{18}
结构二	N_1	$N_2 N_3 N_4 N_5 N_6 N_7 N_8 N_9$	$N_{10} N_{11} N_{12} N_{13} N_{14} N_{15} N_{16} N_{17}$	N_{18}
结构三	N_1	$N_2 N_3 N_4 N_5 N_6 N_7 N_8 N_9 N_{10}$	$N_{11} N_{12} N_{13} N_{14} N_{15} N_{16} N_{17}$	N_{18}
结构四	N_1	$N_2 N_3 N_4 N_5 N_6 N_7 N_8 N_9 N_{10} N_{11}$	$N_{12} N_{13} N_{14} N_{15} N_{16} N_{17}$	N_{18}

2.2.3　全球位置码

全球位置码（Global Location Number，GLN）是对参与供应链等活动的法律实体、功能实体和物理实体进行唯一标识的代码。

法律实体是指合法存在的机构，如供应商、客户、银行、承运商等。功能实体是指法律实体内的具体部门，如某公司的财务部。物理实体是指具体的位置，如建筑物的某个房间、仓库或仓库的某个门、交货地等。全球位置码由厂商识别代码、位置参考代码和校验码组成，用13位数字表示，具体结构如表 2-2 所示。

表 2-2　　　　　　　　　　　　　GLN 代码结构

结构种类	厂商识别代码	位置参考代码	校验码
结构一	$N_1 N_2 N_3 N_4 N_5 N_6 N_7$	$N_8 N_9 N_{10} N_{11} N_{12}$	N_{13}
结构二	$N_1 N_2 N_3 N_4 N_5 N_6 N_7 N_8$	$N_9 N_{10} N_{11} N_{12}$	N_{13}
结构三	$N_1 N_2 N_3 N_4 N_5 N_6 N_7 N_8 N_9$	$N_{10} N_{11} N_{12}$	N_{13}

2.2.4　全球可回收资产标识

全球可回收资产（Global Returnable Asset Identifier，GRAI）的编码由必备的 GRAI 和可选择的系列号构成，其中 GRAI 由填充位、厂商识别代码、资产类型代码、校验码组成，为14位数字代码，分为四种结构，见表 2-3。其中，填充位为1位数字"0"（为保证全球可回收资产代码的14位数据结构，在厂商识别代码前补充的一位数字）；厂商识别代码由 7～10 位数字组成；资产类型代码由 2～5 位数字组成；校验码为 1 位数字。

表 2-3　　　　　　　　　全球可回收资产代码及系列号的结构

结构种类	全球可回收资产代码（GRAI）				系列号（可选择）
	填充位	厂商识别代码	资产类型代码	校验码	
结构一	0	$N_1 N_2 N_3 N_4 N_5 N_6 N_7$	$N_8 N_9 N_{10} N_{11} N_{12}$	N_{13}	$X_1 \ldots X_j \ (j \leqslant 16)$
结构二	0	$N_1 N_2 N_3 N_4 N_5 N_6 N_7 N_8$	$N_9 N_{10} N_{11} N_{12}$	N_{13}	$X_1 \ldots X_j \ (j \leqslant 16)$
结构三	0	$N_1 N_2 N_3 N_4 N_5 N_6 N_7 N_8 N_9$	$N_{10} N_{11} N_{12}$	N_{13}	$X_1 \ldots X_j \ (j \leqslant 16)$
结构四	0	$N_1 N_2 N_3 N_4 N_5 N_6 N_7 N_8 N_9 N_{10}$	$N_{11} N_{12}$	N_{13}	$X_1 \ldots X_j \ (j \leqslant 16)$

当唯一标识特定资产类型中的单个资产时，在 GRAI 后加系列号。系列号由 1～16 位可变长度的数字、字母型代码构成。

2.2.5　全球服务关系代码

商品条码系统中，标识服务关系中服务对象的全球统一的代码是全球服务关系代码（Global Service Relation Number，GSRN）。

全球服务关系代码由厂商识别代码、服务对象代码和校验码三部分组成，为 18 位数字代码，分为四种结构，见表 2-4。其中，厂商识别代码由 7～10 位数字组成；服务对象代码由 7～10 位数字组成；校验码为 1 位数字。

表 2-4　　　　　　　　　全球服务关系代码结构

结构种类	厂商识别代码	服务对象代码	校验码
结构一	$X_1 X_2 X_3 X_4 X_5 X_6 X_7$	$X_8 X_9 X_{10} X_{11} X_{12} X_{13} X_{14} X_{15} X_{16} X_{17}$	X_{18}
结构二	$X_1 X_2 X_3 X_4 X_5 X_6 X_7 X_8$	$X_9 X_{10} X_{11} X_{12} X_{13} X_{14} X_{15} X_{16} X_{17}$	X_{18}
结构三	$X_1 X_2 X_3 X_4 X_5 X_6 X_7 X_8 X_9$	$X_{10} X_{11} X_{12} X_{13} X_{14} X_{15} X_{16} X_{17}$	X_{18}
结构四	$X_1 X_2 X_3 X_4 X_5 X_6 X_7 X_8 X_9 X_{10}$	$X_{11} X_{12} X_{13} X_{14} X_{15} X_{16} X_{17}$	X_{18}

2.2.6　全球单个资产标识

全球单个资产标识（Global Individual Asset Identifier，GIAI）由厂商识别代码、单个资产参考代码两部分组成，为小于等于 30 位的数字、字母型代码，分为四种结构，见表 2-5。其中，厂商识别代码由 7～10 位数字组成；单个资产参考代码由 1～23 位数字、字母组成。

表 2-5　　　　　　　　　全球单个资产标识代码结构

结构种类	厂商识别代码	单个资产参考代码
结构一	$N_1 N_2 N_3 N_4 N_5 N_6 N_7$	$X_8 \ldots X_j \ (j \leqslant 30)$
结构二	$N_1 N_2 N_3 N_4 N_5 N_6 N_7 N_8$	$X_9 \ldots X_j \ (j \leqslant 30)$
结构三	$N_1 N_2 N_3 N_4 N_5 N_6 N_7 N_8 N_9$	$X_{10} \ldots X_j \ (j \leqslant 30)$
结构四	$N_1 N_2 N_3 N_4 N_5 N_6 N_7 N_8 N_9 N_{10}$	$X_{11} \ldots X_j \ (j \leqslant 30)$

2.2.7　AI＋附加属性代码

在商业应用中，除了表达对象本身外，还需要表达对象的某些属性信息，如生产日期、保质期、重量、单价等。为了便于数据的自动处理，允许在商品条目数据之前添加一些描述性的信息。应用标识符（Application Identifier，AI）就是其具体表现形式。即在条码数据之前加上一些标识，对商品条目进行额外描述，比如说明某商品多重、有多少个、保质期是多少等。

例如：某商品的生产日期是 2018 年 8 月 10 日，用文字表述为"此商品的生产日期是 2018 年 8 月 10 日"，但是如果用条码来表示，就不方便把这么多文字都编成条码。所以，GS1 系统规定了应用标识符来标识数据含义与格式，由 2 至 4 位数字组成。应用标识符定义了一些规则，即某几个数字前缀代表某种含义，比如，用两位数"11"来表示生产日期，然后后面跟着 YYMMDD（年、月、日），即 20180810，所以表示生产日期是 2018 年 8 月 10 日，就是 1120180810。实践中常将 AI 用括号括起来，就写成（11）20180810。这样，将对应的 1120180810 这些数字，用条码来表示即可。

1. 全球托运货物标识代码

全球托运货物标识代码（Global Identification Number for Consignment，GINC）具有唯一性，它在一组物流或运输单元的生命周期内保持一致。当货运公司分配了一个 GINC 给运输商，在一年内就不能重复分配。但是，现行法规或行业组织的具体规定可以延长这一期限。

应用标识符"401"指示的 GS1 应用标识符数据段的含义为全球托运货物标识代码（GINC）。此代码标识一个货物的逻辑组合（一个或多个物理实体），这组货物已交付给货运代理人并将作为一个整体运输。托运货物代码必须由货运代理人、承运人或事先与货运代理人订立协议的发货人分配。AI 401 的一个典型应用是 HWB（货运代理人运单）。

根据运输的多行业方案——MIST，货运代理人是安排货物运输的一方，包括转接服务和/或代表托运人或收货人办理相关手续。承运人是承担将货物从一点运输到另一点的一方。托运人是发送货物的一方。收货人是接收货物的一方。

GS1 公司前缀由 GS1 成员组织分配给负责分配 GINC 的公司，即承运人，使得 GS1 代码全球唯一。

全球托运货物标识代码的结构与内容由 GS1 公司前缀的所有者自行处理，用于对托运货物的唯一标识。全球托运货物标识代码包含表 2-6 中的所有字符。

表 2-6

应用标识符	全球托运货物标识代码（GINC）		
	GS1 公司前缀托运参考代码		
401	N_1　…　N_i	X_{i+1}　…　X_j（j≤30）	

从条码识读器传输的数据表明单元数据串表示的一个 GINC 被采集。托运货物代码在适当的时候可以单独处理，或与出现在同一单元上的其他编码数据一起处理。

注意：如果生成一个新的托运货物标识代码，在此之前的托运货物标识代码应从物理实体中去掉。

2. 全球装运货物标识代码

应用标识符"402"指示的 GS1 应用标识符数据段的含义为全球装运货物标识代码（Global Shipment Identification Number，GSIN）。

全球装运货物标识代码由托运人（卖方）分配。它为托运人（卖方）向收货人（买方）发送的一票运输货物提供了全球唯一的代码，标识物流单元的逻辑组合。它标识一个或多个物流单元的逻辑组合，每个物流单元分别由一个 SSCC 标识，每个物流单元包含的贸易项目作为一个特定卖方/买方关系的部分在一个发货通知单和/或提货单之内运行。它可用于运输环节的各方信息交换，例如，EDI 报文中能够用于一票运输货物的参考和/或托运人的装货清单。GSIN 满足了世界海关组织（WCO）的 UCR（唯一托运代码）需求。

校验工作必须由相应的应用软件完成，以确保代码的正确组合。从条码识读器传输的数据表明单元数据串表示的一个 GSIN 被采集。

表 2－7

应用标识符	全球装运货物标识代码（GSIN）	
	GS1 公司前缀装运参考代码	校验位
402	$\longrightarrow$	
	$N_1\ N_2\ N_3\ N_4\ N_5\ N_6\ N_7\ N_8\ N_9\ N_{10}\ N_{11}\ N_{12}\ N_{13}\ N_{14}\ N_{15}\ N_{16}$	N_{17}

2.2.8 特殊应用

特殊应用部分主要包括在优惠券、部件以及已生产的实物物品等方面标识的应用。

全球优惠券代码（Global Coupon Number，GCN）是在 POS 端可被当作一定现金或换取免费商品的一种凭证。优惠券标识是按地区管理的，因此，优惠券的数据结构是由 GS1 所在地区的编码组织负责确定的。与 GS1 系统其他代码不同，只有在有关的编码组织在同一货币区时，GS1 优惠券代码结构才能保证其唯一性。

部件（Component/Part Identifier，CPID）也是可以单独订货的实物物品。部件用全球贸易项目代码（GTIN）进行标识。部件的 GTIN-13 标识代码可与一个相关基本物品编码一起使用，构成一个组合，该组合包含一个或多个部件。一个部件可与一些不同的基本物品相关。

在有自动化系统的环境中，需要对已生产的实物物品进行标识，并且标识要求能以机器识读方式（条码）表示。实物物品的标识应从供应商到客户进行传递，双方应能够使用同样的标识代码并需要为此代码保存记录。

对于开放系统，最适合的标识代码是 GTIN-13 标识代码。使用 GTIN-13 标识代码和条码符号对实物物品进行标识，使得客户定制的物品（CSA）可以整合到系统中，该系统同时管理所有其他 GS1 系统标识项目。供应商在订单确认时给产品分配一个 GTIN-13 标识代码。只要分配给那些实际生产的产品即可，不必给所有可能的物品事先分配代码。

全球文档类型标识符（Global Document Type Identifier，GDTI），覆盖了官方或私人的用来指明权利（如所有权的证据）或职责义务（如告知或要求服兵役）的文件标识。通常，文档的发布者对文档包含的所有信息负有责任，包括条码的编写与人工识读字符。典型的文档需要储存适当的信息，例如土地登记文档、催税单、海关的清关表、保险单、国内发票、国内新闻文档、教育文凭、运输公司文档以及邮件公司文档等。

2.3 GS1 载体技术标准

GS1 系统中的各种数据代码必须以适当的形式为载体来实现数据的自动识别，即表示信息的代码编写完成后需要用能自动识别的载体进行承载，以提升数据读取、传递和识别的效率。目前，GS1 系统的数据载体主要有下述两类。

2.3.1 条码符号体系

GS1 系统的条码符号体系主要是由 EAN-13、EAN-8、UPC-A、UPC-E、UCC/EAN-128 和 ITF-14 这 6 种条码所组成的，如图 2-4 所示。这些条码符号我们将在后面的章节中陆续向大家介绍。

图 2-4 GS1 系统的条码符号体系

2.3.2 射频标签

与条码相比，射频标签（Radio Frequency Identification，RFID）是一种新兴的数据载体，如图 2-5 所示。射频识别系统利用 RFID 标签承载信息，RFID 标签和识读器通过感应、无线电波或微波能量进行非接触双向通信，达到自动识别的目的。RFID 标签的优点是可非接触式阅读，标签可重复使用，标签上的数据可反复修改，抗恶劣环境，保密性强。如采用超高频 RFID 标签，可同时识别多个对象。

图 2-5　RFID 标签

2.4　GS1 数据共享标准

在商业社会环境中，每天都会产生和处理大量的包含重要信息的纸张文件，如订单、发票、产品目录、销售报告等。这些文件提供的信息随着整个贸易过程传递，涵盖了产品的一切相关信息。无论这些信息交换是内部的还是外部的，都应做到信息流的合理化。

电子数据交换（Electronic Data Interchange，EDI）是商业贸易伙伴之间，将按标准、协议规范化和格式化的信息通过电子方式，在计算机系统之间进行自动交换和处理。EDI 具有以下特点：使用对象是不同的计算机系统；传送的资料是业务资料；采用共同的标准化结构数据格式；尽量避免介入人工操作；可以与用户计算机系统的数据库进行平滑连接，直接访问数据库或从数据库生成 EDI 报文等。EDI 的基础是信息，这些信息可以由人工输入计算机，但更好的方法是通过采用条码和射频标签快速准确地获得数据信息。

如图 2-6 所示为手工条件下的单证数据传输方式。如图 2-7 所示为 EDI 条件下的单证数据传输方式。通过图示对比可以看出手工条件下和 EDI 条件下的单证数据传输方式的区别，EDI 条件下的单证数据传输效率较高，人工干预性较小。

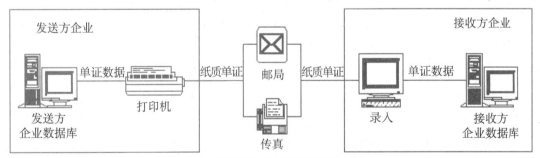

图 2-6　手工条件下的单证数据传输方式

图 2-7　EDI 条件下的单证数据传输方式

GS1 标准体系的电子数据交换（EDI）采用统一的报文标准传送结构化数据，通过电子方式从一个计算机系统传送到另一个计算机系统，使人工干预最小化。GS1 标准体系正是提供了全球一致性的信息标准结构，支持电子商务的应用。

GS1 为了提高整个物流供应链的运作效益，在 UN/EDIFACT 标准（联合国关于管理、商业、运输业的电子数据交换规则）基础上开发了流通领域电子数据交换规范——EANCOM。EANCOM 是一套以 GS1 编码系统为基础的标准报文集。不管是通过 VAN 还是 Internet，EANCOM 让 EDI 导入更简单。目前，EANCOM 可以对 EDI 系统提供 47 种信息，且对每一个数据域都有清楚的定义和说明。这让贸易伙伴之间得以用简易、正确及最有成本效率的方式进行商业信息的交换。

GS1 的 ebXML 实施方案是根据 W3CXML 规范和 UN/CEFACT ebXML 的 UMM 方法学把商务流程和 ebXML 语法完美地结合在一起，制定的一套由实际商务应用驱动的 ebXML 整合标准，并用 GS1 系统针对 ebXML 标准实施建立的 GSMP 机制进行全球标准的制定与维护。

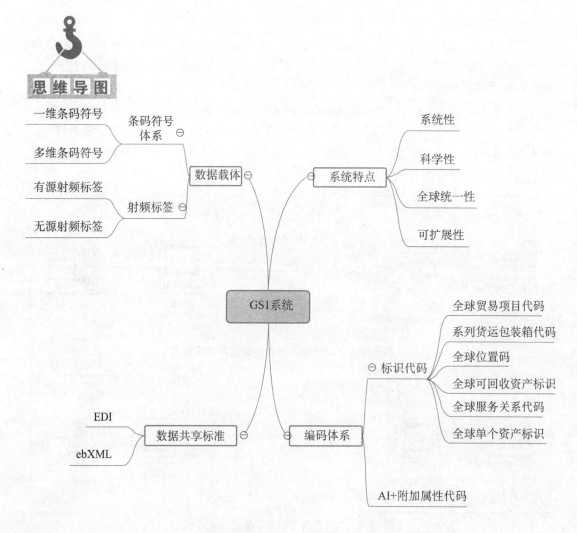

1. 简述 GS1 系统的主要功能。
2. 简述 GS1 系统的三大组成部分。
3. GS1 系统主要可以解决哪些领域的标识问题?

GS1 系统面向全世界提供了编码标准,体现了经济全球化的高速发展,在经济全球化发展的过程中,世界各地的文化也在向中国输入,对中国的传统文化造成了冲击。

请以小组形式议一议:经济全球化背景下的外来文化和习近平总书记提出的文化自信之间的关系如何?

模块 3
代码编写技术和方法

1. 代码的基础知识；
2. 代码的编写方法；
3. 代码的设计原则和注意事项。

1. 培养学生积极主动的思考能力；
2. 培养学生勤于、敢于动手的能力；
3. 提高学生处理问题的能力。

重｜难｜点

1. 代码的编写方法；
2. 代码的设计原则。

 导｜入｜案｜例

代码技术在全球统一标识系统中的应用

在超市冷鲜柜里，整块的牛肉被分割成一个个见方的肉丁。消费者只要利用粘贴在包装上的商品条码标签，就可以溯源到这头肉牛来自哪里，是谁饲养的，养殖过程中注射了哪些疫苗、吃过什么饲料、用过何种药物，是由哪个屠宰场屠宰的，哪个肉联厂分割加工的。如果你怀疑牛肉有问题，只要通过手机查询商品条码标签上的数字，就会立刻知道你的怀疑是否成立。

在食品安全问题日益受到人们关注之时，能够这样放心地大快朵颐，依靠的技术手段是 GS1 系统。它是以商品条码为基础的全球统一标识系统，是建立食品安全追溯体系、实现食品生产全过程跟踪与追溯的技术保障。

自从 20 世纪 80 年代英国发现全球首例疯牛病以来，国际社会对食品安全追溯的要求日渐强烈。特别是近年来随着经济全球化和国际食品贸易的不断发展，高致病性禽流感、口蹄疫等重大动物疫病呈高发态势，诸如"二噁英""苏丹红 1 号"等食品安全事件频繁发生，出口农产品由于农药残留问题屡遭退货，这些问题的出现，不仅造成了重大的经济损失，而且严重威胁到食品安全和人体健康。因此，如何实现食品安全的全程监管，切实保护老百姓的饮食健康，成为世界各国关注的话题。

自发现疯牛病以后，欧盟国家首先提出了食品可追溯性的概念。2002 年，欧盟出台了法规，对食品、饲料、供食品制造用的家畜以及与食品、饲料制造相关的物品在生产、加工、流通等各个阶段强制实行溯源制度。同年，美国也发布了《公共安全和生物恐怖主义防备和反应法案》，要求对食品的生产、加工、包装、运输、分销、接收等供应链环节建立记录保存制度。日本从 2001 年起开始实行食品溯源制度，要求建立食品的生产履历中心，对食品进行追溯。

在各国强烈的食品追溯需求推动下，国际物品编码协会研究开发了采用 GS1 系统（全球统一标识系统）跟踪与追溯食品类产品的应用方案，适用于加工食品、饮料、牛肉产品、水产品、葡萄酒、水果和蔬菜等多个领域。这套经过多年研究和实践检验的应用方案，得到了全球的高度认可，为真正实现"从源头抓质量监管"提供了一个有效的途径。

GS1 系统通过具有一定编码结构的代码实现对相关项目及其数据的标识，该结构保证了在相关应用领域中代码在世界范围内的唯一性。在提供唯一的标识代码的同时，GS1 系统还提供附加信息的标识，例如有效期、系列号和批号，这些通过一定规则编写的代码都可以用条码来表示。

3.1　代码的基础知识

3.1.1　代码的定义和作用

1. 代码的定义

代码（Code）也叫信息编码，是作为事物（实体）唯一标识的一组有序字符组合。它必须便于计算机和人的识别与处理。

代码是人为确定的代表客观事物（实体）名称、属性或状态的符号或符号的组合。代码的重要性表现在以下几个方面：

（1）可以唯一地标识一个分类对象（实体）。

（2）加快输入，减少出错，便于存储和检索，节省存储空间。

（3）使数据的表达标准化，简化处理程序，提高处理效率。

（4）能够被计算机系统识别、接收和处理。

2. 代码的作用

在信息系统中，代码的作用体现在以下 3 个方面：

（1）唯一化。在现实世界中，如果我们不加标识，有些东西就无法区分，这时机器处理就十分困难。所以能否将原来不能确定的东西，唯一地加以标识是编制代码的首要任务。

最简单、常见的例子就是职工编号。在人事档案管理中我们不难发现，人的姓名不管在一个多么小的单位里都很难避免重名。为了避免二义性，唯一地标识每一个人，编制职工代码是很有必要的。

（2）规范化。唯一化虽是代码设计的首要任务。但如果我们仅仅为了唯一化来编制代码，那么代码编出来后可能是杂乱无章、使人无法辨认的，而且使用起来也不方便。所以我们在唯一化的前提下还要强调编码的规范化。

例如：财政部关于会计科目编码的规定，以"1"开头的表示资产类科目，"2"表示负债类科目，"3"表示共同类科目，"4"表示所有者权益类科目等。

（3）系统化。系统所用代码应尽量标准化。在实际工作中，一般企业所用的大部分编码都有国家或行业标准。

各行业对产成品和商品都有其标准分类方法，所有企业必须执行。另外一些需要企业自行编码的内容，例如生产任务码、生产工艺码、零部件码等，都应该参照其他标准化分类和编码的形式有序地进行。

3.1.2　代码的设计原则和注意事项

　　　　如果我国某公民的户口从一个城市迁移到了另一个城市，并且更换了姓名，身份证号会发生变化吗？为什么？

1. 代码设计的原则

在为对象设计代码时，应该遵守下列原则：

（1）唯一性。代码是区别系统中每个实体或属性的唯一标识，每个代码都具有唯一性。

（2）无含义性。很多代码都具有无含义性，即不通过数据库无法识别代码的含义。例如，零售商品的代码就不表示与商品有关的特定信息，需要通过扫描条码查询数据库才可以获取该商品的价格以及生产厂商等各类详细信息。

（3）稳定性。代码一旦分配，应保持不变。例如，超市中的零售商品，若其包装、成分及规格不发生改变，其商品代码就不能改变。

（4）可扩充性。不需要变动原代码体系，可直接追加新代码，以适应系统的进一步发展。

（5）合理性。必须在逻辑上满足应用需要，在结构上与处理方法相一致。

（6）规范性。尽可能采用现有的国标、部标编码，结构统一。

（7）快捷性。有快速识别、快速输入和计算机快速处理的性能。

（8）连续性。有的代码编制要求有连续性。

（9）系统性。要全面、系统地考虑代码设计的体系结构，要把编码对象分成组，然后分别进行编码设计，如建立物料编码系统、人员编码系统、产品编码系统、设备编码系统等。

（10）简单性。尽量压缩代码长度，可降低出错机会。

（11）易识别性。为了便于记忆、减少出错，代码应当逻辑性强、表意明确。

2. 代码设计的注意事项

一个良好的设计既要满足处理问题的需要，又要满足科学管理的需要。在实际分类时须注意如下几点：

（1）保证有足够的容量足以覆盖规定范围内的所有对象。如果容量不够，不便于今后变化和扩充，随着环境的变化这种分类会很快失去生命力。

（2）按属性系统化。分类不能是无原则的，必须遵循一定的规律。根据实际情况并结合具体管理的要求来划分是分类的基本方法。分类应按照处理对象的各种具体属性系统地进行。如在线分类方法中，哪一层次是按照什么属性来分类，哪一层次是标识一个什么类型的对象集合等都必须系统地进行。只有这样的分类才比较容易建立并为他人所接受。

（3）分类要有一定的柔性，不至于在出现变更时破坏分类的结构。所谓柔性是指在一定情况下分类结构对于增设或变更处理对象的可容纳程度。柔性好的系统在一般的情况下增加分类不会破坏其结构。但是柔性往往会带来一些问题，如冗余度大等，这是设计分类时必须考虑的问题。

（4）注意本分类系统与外系统及已有系统之间的协调。任何一项工作都是在原有的基础上发展起来的，分类时一定要注意新老分类的协调性，以便于系统的联系、移植、协作以及老系统向新系统的平稳过渡。同时还要考虑与国际标准、国家标准、部颁标准及行业标准的对接。

3.1.3　代码的分类与校验

1. 代码的分类

代码有多种表示形式，进行代码设计时可选择一种或几种代码类型组合。

（1）顺序码，也叫序列码。用连续数字作为每个实体的标识。编码可以按实体出现的先后顺序，也可以按实体名的字母顺序。其优点是简单、易处理、易扩充及用途广；缺点是没有逻辑含义、不能表示信息特征、无法插入和删除数据将造成空码。

（2）成组码。这是最常用的一种编码，它将代码分为几段（组），每段都由连续数字组成，且各表示一种含义。其优点是简单、方便、能够反映出分类体系、易校对、易处理；缺点是位数多，不便记忆，必须为每段预留编码，否则不易扩充。例如，身份证编码共 18 位。

（3）表意码。它将表示实体特征的文字、数字或记号直接作为编码。其优点是可以直接明白编码含义，易理解、好记忆；其缺点是编码长度位数可变，给分类和处理带来不便。例如，网站代码。

（4）专用码。它是具有特殊用途的编码，如汉字国标码、五笔字型编码、自然码、ASCLL 代码等。

（5）组合码，也叫合成码、复杂码。它由若干种简单编码组合而成，使用十分普遍。其优点是容易分类，容易增加编码层次，可以从不同角度识别编码，容易实现多种分类统计；缺点是编码位数和数据项个数较多。

（6）缩写码。将名称的缩写直接用作代码，如用"SKPZ"代表收款凭证。

（7）尾数码。代码末尾的一位数字具有特定的含义，即利用末尾数字修饰主要代码，如用 TV-B 代表黑白电视机，用 TV-C 代表彩色电视机。

2. 代码的校验

为了减少编码过程中可能出现的错误，需要使用编码校验技术。这是在原有代码的基础上，附加校验码的技术。校验码是根据事先规定好的算法构成的，将它附加到代码本体上以后，成为代码的一个组成部分。当代码输入计算机以后，系统将会按规定好的算法验证，从而检测代码的正确性。

常用的简单校验码是在原代码上增加一个校验位，并使得校验位成为代码结构中的一部分。系统可以按规定的算法对校验位进行检测，校验位正确，便认为输入代码正确。

3.2 代码的编写方法

目前最常用的分类方法概括起来有两种，一种是线分类方法，另一种是面分类方法。在实际应用中根据具体情况各有其不同的用途。

3.2.1 线分类方法

线分类方法也称等级分类法或层次分类法，按选定的若干属性（或特征）将分类对象分为若干层级，每个层级又分为若干类目，同一分支的同层级的类目之间构成并列关系，不同层级的类目之间构成隶属关系。同层级的类目互不重复，互不交叉。线分类方法是目前用得最多的一种方法，尤其是在手工处理的情况下它几乎成了唯一的方法。线分类方法的主要出发点是：首先给定母项，母项下分若干子项，由对象的母项分大集合，由大集合确定小集合，最后落实到具体对象。

采用线分类法时要掌握两个原则，即唯一性和不交叉性。

线分类法的主要优点：结构清晰，容易识别和记忆，容易进行有规律的查找；层次性好，能较好地反映类目之间的逻辑关系；符合传统应用习惯，既适合手工处理，又便于计算机处理。

线分类法的主要缺点：揭示主题或事物特征的能力差，往往无法满足确切分类的需要；分类表具有一定的凝固性，不便于根据需要随时改变，也不适合进行多角度的信息检索；大型分类表一般类目详尽、篇幅较大，对分类表管理的要求较高；结构不灵活，柔性较差。

线分类法的结果是形成了一层套一层的线性关系，如图 3-1 所示。

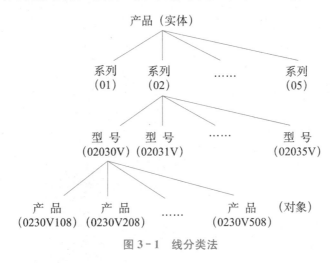

图 3-1　线分类法

3.2.2　面分类方法

面分类方法也称平行分类法，是将拟分类的商品集合总体，根据其本身固有的属性或特征，分成相互之间没有隶属关系的面，每个面都包含一组类目，将某个面中的一种类目与另一个面的一种类目组合在一起，即组成一个复合类目的分类方法。

面分类方法的优点主要是：柔性好，面的增加、删除和修改都很容易；可实现按任意组合配面的信息检索，对计算机的信息处理有良好的适应性。

面分类方法的缺点是不能充分利用编码空间，不易直观识别和记忆，不便于手工处理等。

表 3-1 为面分类方法示例，代码 3212 表示材料为钢的、直径为 1.0cm 的、圆头的镀铬螺钉。

表 3-1   面分类法示例

材料	直径（cm）	螺钉头形状	表面处理
1—不锈钢	1—0.5	1—圆头	1—未处理
2—黄铜	2—1.0	2—平头	2—镀铬
3—钢	3—1.5	3—六角形状	3—镀锌
		4—方形	4—上漆

　　面分类法将整形码分为若干码段，一个码段定义事物的一种属性，需要定义多重属性可采用多个码段。这种代码的数值可在数轴上找到对应描述，一根数轴只能约束一类属性上父类与子类的从属关系，多重属性的约束就要用多根数轴来实现，即一个码段对应一根数轴。面分类是若干个线分类的合成，即线分类法为一维分类法，面分类法为二维或多维分类法。

　　现实生活中，面分类法的应用比较广泛，例如，18 位的身份证号码便是使用面分类法进行编码：第一段（前 6 位）描述办证机关的至县一级的空间定位，采用省、市、县的行政区划代码；第二段（第 7 位至第 14 位）为出生日期描述；第三段（第 15 位至第 17 位）有两重意义，即同区域、同年、同月、同日出生者的办证顺序和性别，第 17 位奇数为男性，偶数为女性；第 18 位是数字校验码。

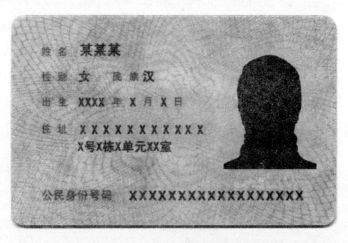

　　我国公民身份证号的编码方法最多可以为同一地区同一天出生的多少婴儿赋予身份证号？

　　采用面分类法编码，虽然增加了代码的复杂性，但却可以处理线分类法无法解决的描述对象多重意义的问题，在地理信息数据分类编码中大有可为。

　　目前，在实际运用中，一般把面分类法作为线分类法的补充。我国在编制《全国工农业产品（商品、物资）分类与代码》国家标准时，采用的是线分类法和面分类法相结合、以线分类法为主的综合分类法。

思维导图

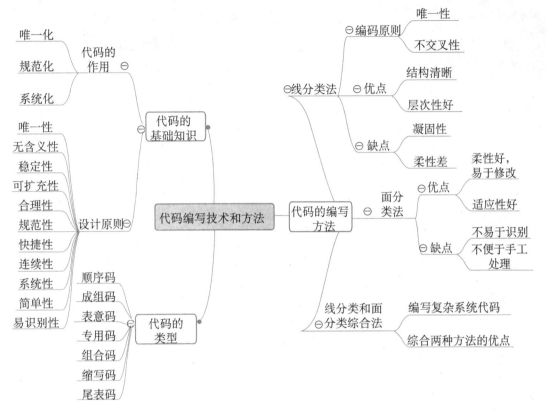

思考题

1. 结合生活中出现的代码，举例描述代码的含义和特点。
2. 简述线分类法和面分类法的主要区别。你认为哪种方法的适用范围更广？
3. 简述代码设计时容易出现的问题。

议一议

代码编写从业者需要具备系统性思维，要求既能从全局的角度出发考虑代码编写的影响因素，也能脚踏实地，深入现场调研并了解需求。

请以小组形式议一议：代码编写从业者对实现中华民族伟大复兴的历史使命所起的作用。

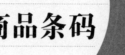

模块 4
一维商品条码

知识目标

1. EAN-13 和 EAN-8 代码结构；
2. EAN-13 和 EAN-8 条码符号结构；
3. UPC-A 和 UPC-E 代码结构。

情感目标

1. 塑造学生诚信的商务意识；
2. 提高学生团队协作和沟通能力。

重难点

1. EAN-13 和 EAN-8 代码结构；
2. EAN-13 和 EAN-8 代码的区别；
3. UPC-A 和 UPC-E 条码的适用范围。

 导|入|案|例

　　中国商品信息服务平台（以下简称"平台"）是由中国物品编码中心（以下简称"编码中心"）依照 GS1 数据池国际标准构建的，集产品管理和服务于一体的商品信息公共服务平台。平台遵循产品标识、产品属性、产品分类、数据交换等全球统一标准，以商品条码为基础，直接由中国商品条码系统成员填报商品信息，有效保证了信息的准确性、时效性与持续性。平台在编码中心及全国 46 家物品编码分支机构的统一维护下，安全、稳定、快速地运行与发展，现已拥有超过 19 万家企业会员的 1 800 万条商品信息，并以每天 3 万条的速度快速增长，覆盖了我国食品饮料、日用百货、家具建材、医疗卫生、文教用品等数百个行业，为我国商品信息查询、商品贸易流通、产品质量监管等领域提供着高效的商品信息数据支持服务，在服务消费者、服务企业、服务政府方面发挥着重要作用。

服务消费者——真实、准确的数据是消费者享受信息服务的基础条件，在商品极其丰富的今天，各种流通渠道蕴含着海量的商品信息，平台以其自身及专业的电子商务网站、手机查询软件等多种形式开放商品基础信息，有效地帮助消费者获取生产企业的第一手资料。

服务企业——标准化的商品信息是平台为企业提供产品信息管理、数据同步、电子数据交换等服务的独特优势，其全球通用的数据标准和架构，最大限度地统一了数据的管理与共享规则，使企业既能科学管理产品，又能与合作伙伴在同一通道交流对话。平台商品信息数据同步服务是"零供"企业间实现商品数据无缝共享的重要手段，至今实现了美国劳氏、家乐福、麦德龙、新华都、华润万家、乐天玛特、北京华联与宝洁（中国）、强生、联合利华等知名企业的数千家门店的国际、国内商品数据同步。简化的信息沟通过程、高效的数据传输效率，令企业供应链不断优化升级，为我国广大"零供"企业带来显著收益。

服务政府——平台拥有高效的技术支持力量与培训服务机制，为政府管理部门与企业之间建立起畅通的信息沟通渠道，方便管理部门有效整合商品信息，推动产品质量监管工作的执行，也在很大程度上帮助企业提升了信誉和市场竞争力。2012 年，编码中心承担了质检总局专项任务，以平台为基础开发产品质量信用信息平台，实现了产品质量的跟踪与追溯，为我国产品质量诚信体系建设提供了有效的服务。

4.1　EAN 条码

EAN 条码包括 EAN-13 和 EAN-8 两种，都是由代码及条码符号构成，对于全球流通的商品标示必须使用该类条码。EAN 条码是全球公认的商品条码，也常用于超市的店内散装物品标识。

商品条码是由一组规则排列的条、空及其对应代码组成，表示商品代码的条码符号，包括零售商品、储运包装商品、物流单元和参与方位置等的代码与条码标识。国家标准 GB/T 12904-2009《商品条码　零售商品编码与条码表示》中对商品代码的内涵做了明确的定义，零售商品代码是标识商品身份的唯一代码，具有全球唯一性。

4.1.1　EAN-13 代码

EAN-13 代码主要包括 13 位零售商品代码和 13 位零售商品店内码代码两种，前者可在国际范围内通过扫码流通和销售，后者只能用于某一零售店内部的交易过程。

1. 13 位零售商品代码

我国的 13 位零售商品代码是由厂商识别代码、商品项目代码、校验码三部分组成，其代码由 GS1 系统、中国物品编码中心以及系统成员共同编写完成，主要编码分配模式如图 4-1 所示。

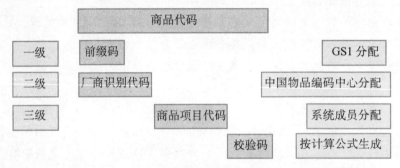

图 4-1　13 位零售商品编码分配模式

13 位零售商品代码按照厂商申请的厂商识别代码位数的不同，共有四种结构形式，如表 4-1 所示。

表 4-1　13 位代码结构

结构种类	厂商识别代码	商品项目代码	校验码
结构一	$X_{13} X_{12} X_{11} X_{10} X_9 X_8 X_7$	$X_6 X_5 X_4 X_3 X_2$	X_1
结构二	$X_{13} X_{12} X_{11} X_{10} X_9 X_8 X_7 X_6$	$X_5 X_4 X_3 X_2$	X_1
结构三	$X_{13} X_{12} X_{11} X_{10} X_9 X_8 X_7 X_6 X_5$	$X_4 X_3 X_2$	X_1
结构四	$X_{13} X_{12} X_{11} X_{10} X_9 X_8 X_7 X_6 X_5 X_4$	$X_3 X_2$	X_1

（1）厂商识别代码。

厂商识别代码由 7～10 位数字组成，依法取得营业执照和相关合法经营资质证明的生产者、销售者和服务提供者，可以申请注册厂商识别代码，中国物品编码中心负责分配和管理。

厂商识别代码的前 3 位代码为前缀码，国际物品编码协会已分配给中国物品编码中心的前缀码为 690～699，其中 690、691 采用表 4-1 中的结构一，692～696 采用表 4-1中的结构二，697 采用表 4-1 中的结构三，698、699 暂未启用。国际物品编码协会已分配给国家（地区）编码组织的部分前缀码见表 4-2，完整前缀码分配表可登录中国物品编码中心网站查询。

表 4-2　　　　　　　GS1 已分配给国家（地区）编码组织的前缀码（部分）

前缀码	编码组织所在国家（地区）/应用领域	前缀码	编码组织所在国家（地区）/应用领域
000～019	美国	627	科威特
030～039			
060～139			
020～029	店内码	628	沙特阿拉伯
040～049			
200～299			
050～059	优惠券	629	阿拉伯联合酋长国
990～999	优惠券	690～699	中国
978～979	图书	950	GS1 总部
613	阿尔及利亚	951	GS1 总部（产品电子代码）
615	尼日利亚	960～969	GS1 总部（缩短码）
980	应收票据	977	连续出版物

注：以上数据截止到 2016 年 11 月。

为什么阿尔及利亚的国家前缀码只有 1 个，中国的国家前缀码有 10 个？

（2）商品项目代码。

商品项目代码由 2～5 位数字组成，一般由厂商编制，也可由中国物品编码中心负责编制。

不难看出，由 2 位数字组成的商品项目代码有 00～99 共 100 个编码容量，可以标识 100 种商品。同理，由 3 位数字组成的商品项目代码可以标识 1 000 种商品，由 4 位数字组成的商品项目代码可标识 10 000 种商品，而由 5 位数字组成的商品项目代码则可以标识多达 100 000 种商品。

（3）校验码。

校验码为 1 位数字，用于检验整个编码的正误。校验码的计算方法如表 4-3 所示。现在条码制作软件都可以自动计算出校验码，无须人工计算。

表 4-3　　　　　　　　13 位代码校验码的计算方法示例

步骤	举例说明		
自右向左顺序编号	位置序号 13 12 11 10 9 8 7 6 5 4 3 2 1 代　码 6 9 0 1 2 3 4 5 6 7 8 9 X_1		
从序号 2 开始求出偶数位上数字之和①	9＋7＋5＋3＋1＋9＝34		①
①×3＝②	34×3＝102		②

续前表

步骤	举例说明	
从序号 3 开始求出奇数位上数字之和③	8＋6＋4＋2＋0＋6＝26	③
②＋③＝④	102＋26＝128	④
用大于或等于结果④且为 10 的整数倍的最小数减去④，其差即为所求校验码的值	130－128＝2 校验码 $X_1＝2$	

同一家公司在不同时间生产的两瓶完全相同的矿泉水商品条码一样吗？

2. 13 位零售商品店内码代码

店内码即在零售店内部使用的条码，属于商品条码的一种，店内码代码是店内条码中的代码，位数为 13 位，码制为 EAN-13。代码的结构：第一部分为前缀码，一般为三位数，零售店可通过查询自行获得，无须向中国物品编码中心申请；第二部分为商品种类码，位数由零售店根据需要编制店内码的商品数量决定，例如，需要编店内码的零售商品在 10 000 种以内时，三位数即足够使用；第三部分可表示顾客所购买商品的重量、价格或某个商品种类里的某个型号单品，位数由销售商品的最大重量、最贵价格以及型号数决定；最后一部分为一位数的校验码，无须人工编制。店内码的三种具体结构如下：

（1）前缀码＋种类码＋重量码＋校验码。

如图 4-2 所示的店内码，201 是前缀码，0518 表示柚子，01588 表示重量 1 588 克，9 为校验码。这是最常见的 3 位前缀码＋4 位种类码＋5 位重量码＋1 位校验码的结构，重量码精确到克，最大可以表示 99 999 克。扫描时价格是重量与单价的乘积。

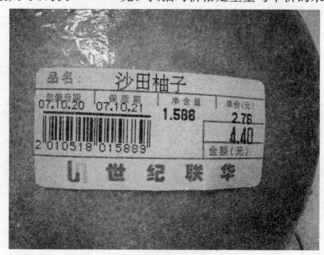

图 4-2

（2）前缀码＋种类码＋价格码＋校验码。

如图 4-3 所示的店内码，210 是前缀码；6013 为西红柿的商品种类码，由超市内部自己编制；04008 代表商品金额为 4.008 元，最大可表示 999.99 元；3 是校验码。扫描时可直接从条码中得到商品价格。

图 4-3

以上两种结构类似，种类码是由零售店编制的，以能满足店内使用为衡量标准，没有统一标准，采用重量码还是价格码取决于 POS 系统的设置。

（3）前缀码＋种类码＋项目码＋校验码。

这种编码结构（见图 4-4）与 13 位零售商品代码基本相同，应用于生产厂家没有申请成为商品条码系统成员的商品上，种类码可以根据商品类型或厂商编码，如果同类商品只有一种，项目码即为 00001，有多个品种时可使用顺序码进行编码。

图 4-4

由于店内码只规定了前缀码，对商品种类和商品项目的编码没有统一标准，因此对于同一种商品，各店的编码可能不同，所以店内码只适用于零售店内部，超市之间不能通用，也不能用于查询商品的生产厂家。

用手机扫描店内商品条码可以查询到对应商品的价格及生产厂家等信息吗？

4.1.2 EAN-13 条码符号

EAN-13 条码由左侧空白区、起始符、左侧数据符、中间分隔符、右侧数据符、终止符、右侧空白区、校验符、供人识别字符及前缀码组成，如图 4-5 所示。

图 4-5 EAN-13 条码的符号结构

(1) 左侧空白区：位于条码符号最左侧的、与空的反射率相同的区域，其最小宽度为 11 个模块宽。

(2) 起始符：位于条码符号左侧空白区的右侧，表示信息开始的特殊符号，由 3 个模块组成。

(3) 左侧数据符：位于起始符右侧，表示 6 位数字信息的一组条码字符，由 42 个模块组成。

(4) 中间分隔符：位于左侧数据符的右侧，是平分条码字符的特殊符号，由 5 个模块组成。

(5) 右侧数据符：位于中间分隔符右侧，表示 5 位数字信息的一组条码字符，由 35 个模块组成。

(6) 校验符：位于右侧数据符的右侧，表示校验码的条码字符，由 7 个模块组成。

(7) 终止符：位于校验符的右侧，表示信息结束的特殊符号，由 3 个模块组成。

(8) 右侧空白区：位于条码符号最右侧的、与空的反射率相同的区域，其最小宽度为 7 个模块宽。为确保右侧空白区的宽度，可在条码符号右下角加 ">" 符号，">" 符号的位置如图 4-6 所示。

(9) 供人识别字符：位于条码符号的下方与条码相对应的 13 位数字。供人识别字符优先选用 GB/T 12508 中规定的 OCR-B 字符集；字符顶部和条码字符底部的最小距离为 0.5 个模块宽。

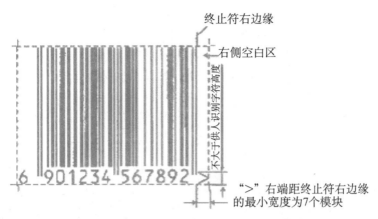

图 4-6 EAN-13 条码符号右侧空白区中"＞"的位置

4.1.3 EAN-8 代码

EAN-8 代码由前缀码、商品项目代码和校验码三部分组成，其结构如表 4-4 所示。

表 4-4 8 位代码结构

前缀码	商品项目代码	校验码
$X_8 X_7 X_6$	$X_5 X_4 X_3 X_2$	X_1

（1）前缀码。$X_6 \sim X_8$ 是前缀码，国际物品编码协会已分配给中国物品编码中心的前缀码为 690～699。

（2）商品项目代码。$X_2 \sim X_5$ 是商品项目代码，由 4 位数字组成。中国物品编码中心负责分配和管理。

（3）校验码。X_1 是校验码，为 1 位数字，用于检验整个编码的正误。校验码的计算方法为在 X_8 前补足 5 个"0"后按照 13 位代码计算。

8 位的零售商品代码留给商品项目代码的空间极其有限。以前缀码 690 为例，只有 4 位数字可以用于商品项目的编码，即只可以标识 10 000 种商品。因此如非确有必要，8 位的零售商品代码应当慎用。8 位代码的使用条件在后面的内容中将予以说明。

在我国，由中国物品编码中心对 8 位的零售商品代码进行统一分配，以确保代码在全球范围内的唯一性，厂商不得自行分配，已经注册使用了 EAN-13 商品条码的企业，当商品的包装较小，且符合以下任意一个条件时，才能额外注册使用缩短码 EAN-8：

（1）13 位代码的条码符号的印刷面积超过商品标签最大面面积的 1/4 或全部可印刷面积的 1/8 时；

（2）商品标签的最大面面积小于 $40 cm^2$ 或全部可印刷面积小于 $80 cm^2$ 时；

（3）产品本身是直径小于 3cm 的圆柱体时。

4.1.4　EAN-8 条码符号

EAN-8 条码由左侧空白区、起始符、左侧数据符、中间分隔符、右侧数据符、校验符、终止符、右侧空白区及供人识别字符组成，如图 4-7 和图 4-8 所示。

图 4-7　EAN-8 条码符号结构

图 4-8　EAN-8 条码符号构成示意图

（1）EAN-8 条码的起始符、中间分隔符、校验符、终止符的结构同 EAN-13 条码。

（2）EAN-8 条码的左侧空白区与右侧空白区的最小宽度均为 7 个模块。为了确保左右侧空白区的宽度，可在条码符号左下角加"＜"符号，在条码符号右下角加"＞"符号，"＜"和"＞"符号的位置如图 4-9 所示。

（3）左侧数据符表示 4 位数字信息，由 28 个模块组成。

（4）右侧数据符表示 3 位数字信息，由 21 个模块组成。

（5）供人识别字符是与条码相对应的 8 位数字，位于条码符号的下方。

图 4 - 9   EAN-8 条码符号空白区中"＜"和"＞"的位置

4.2 UPC 条码

4.2.1 12 位代码

12 位代码可以用 UPC-A 和 UPC-E 两种商品条码的符号来表示。UPC-A 是 12 位代码的条码符号表示，UPC-E 是特定条件下将 12 位代码消"0"后得到的 8 位代码的符号表示。

需要指出的是，当产品出口到北美地区并且客户指定时，企业才需要申请使用 12 位代码。中国厂商如需申请 12 位商品代码，需经中国物品编码中心统一办理。

12 位代码由厂商识别代码、商品项目代码和校验码组成，其结构如图 4 - 10 所示。

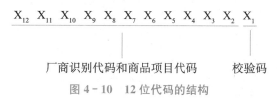

图 4 - 10   12 位代码的结构

（1）厂商识别代码。

厂商识别代码是统一代码委员会分配给厂商的代码，由左起 6～10 位数字组成。其中 X_{12} 为系统字符，其应用规则如表 4 - 5 所示。

表 4 - 5   系统字符应用规则

系统字符	应用范围
0，6，7	一般商品
2	商品变量单元
3	药品及医疗用品

续前表

系统字符	应用范围
4	零售商店内码
5	代金券
1，8，9	保留

（2）商品项目代码。

商品项目代码由厂商编码，由 1～5 位数字组成，编码方法与 13 位代码相同。

（3）校验码。

校验码为 1 位数字，在 X_{12} 前补上数字"0"后按照 13 位代码结构校验码的计算方法计算。

12 位零售商品条码的代码为什么没有代表国家的前缀码？

4.2.2 消零压缩代码

消零压缩代码是将系统字符为 0 的 12 位代码进行消零压缩所得的 8 位数字代码，消零压缩方法如表 4-6 所示。其中，$X_2 \sim X_8$ 为商品项目识别代码，X_8 为系统字符，取值为 0；X_1 为校验码，校验码为消零压缩前 12 位代码的校验码。

表 4-6 12 位代码转换为消零压缩代码的压缩方法

12 位代码				消零压缩代码	
厂商识别代码		商品项目代码 $X_6 X_5 X_4 X_3 X_2$	校验码 X_1	商品项目代码	校验码
X_{12}（系统字符）	$X_{11} X_{10} X_9 X_8 X_7$				
0	$X_{11} X_{10}\ 0\ 0\ 0$ $X_{11} X_{10}\ 1\ 0\ 0$ $X_{11} X_{10}\ 2\ 0\ 0$	$0\ 0\ X_4 X_3 X_2$	X_1	$0\ X_{11} X_{10}\ X_9\ X_4 X_3 X_2$	X_1
	$X_{11} X_{10}\ 3\ 0\ 0$ ⋯ $X_{11} X_{10}\ 9\ 0\ 0$	$0\ 0\ 0\ X_3 X_2$		$0\ X_{11} X_{10}\ X_9\ X_3 X_2\ 3$	
	$X_{11} X_{10} X_9\ 1\ 0$ $X_{11} X_{10} X_9\ 9\ 0$	$0\ 0\ 0\ 0\ X_2$		$0\ X_{11} X_{10}\ X_9\ X_8\ X_2\ 4$	
	无 0 结尾（$X_7 \neq 0$）	$0\ 0\ 0\ 0\ 5$ ⋯ $0\ 0\ 0\ 0\ 9$		$0\ X_{11} X_{10}\ X_9\ X_8\ X_7 X_2$	

4.2.3   UPC 条码符号结构

UPC-A 条码左、右侧空白区最小宽度均为 9 个模块，其他结构与 EAN-13 商品条码相同，如图 4-11 所示。UPC-A 供人识别字符中第一位为系统字符，最后一位是校验符，它们分别被放在起始符与终止符的外侧。表示系统字符和校验符的条码字符的条高与起始符、终止符和中间分隔符的条高相等。

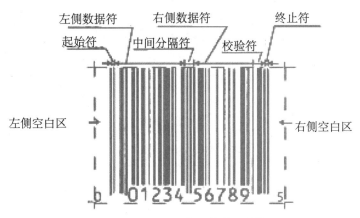

图 4-11   UPC-A 条码的符号结构

UPC-E 条码由左侧空白区、起始符、数据符、终止符、右侧空白区、校验符及供人识别字符组成，如图 4-12 所示。

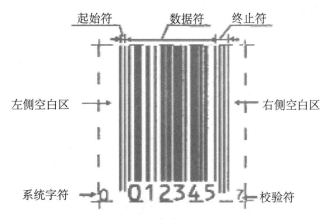

图 4-12   UPC-E 条码的符号结构

UPC-E 条码的左侧空白区、起始符的模块数同 UPC-A 条码。终止符为 6 个模块宽，右侧空白区最小宽度为 7 个模块，数据符为 42 个模块宽。

思维导图

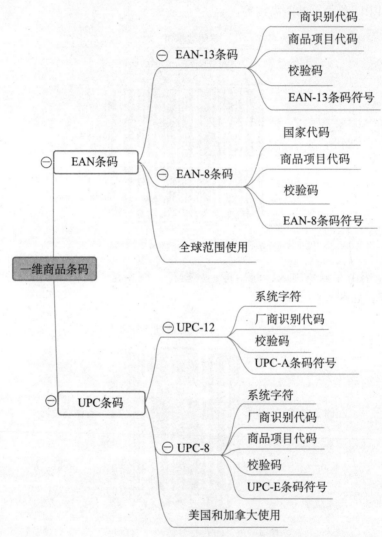

一维商品条码

- EAN条码
  - EAN-13条码
    - 厂商识别代码
    - 商品项目代码
    - 校验码
    - EAN-13条码符号
  - EAN-8条码
    - 国家代码
    - 商品项目代码
    - 校验码
    - EAN-8条码符号
  - 全球范围使用
- UPC条码
  - UPC-12
    - 系统字符
    - 厂商识别代码
    - 校验码
    - UPC-A条码符号
  - UPC-8
    - 系统字符
    - 厂商识别代码
    - 商品项目代码
    - 校验码
    - UPC-E条码符号
  - 美国和加拿大使用

思考题

1. 结合超市购物经历，谈谈你对 EAN 代码结构的理解。
2. 简述 UPC 条码和 EAN 条码在代码结构上的主要区别。

　　消费者通过扫描商品条码可以查询到该商品的生产厂家相关信息，但是却不能通过扫描商品条码辨别商品的真伪，这为犯罪分子制假售假提供了便利。

　　请以小组形式议一议：如何从社会主义核心价值观角度加强对制假售假者的教育？

模块 5
一维物流条码

1. 25 条码和交插 25 条码的码制含义；
2. ITF-14 条码的代码和条码符号结构；
3. GS1-128 代码结构；
4. Code 39 和 Code 93 码的字符集。

1. 培养学生的高效执行力；
2. 提高学生处理问题的能力；
3. 培养学生的自主探究能力。

重难点

1. ITF-14 条码的代码和条码符号结构；
2. GS1-128 代码结构；
3. Code 39 和 Code 93 码的适用范围。

 导|入|案|例

麦德龙和可口可乐的条码技术应用案例

以创造消费者价值为核心，以持续提高供应链效率，促进消费品行业快速健康发展为最终目标，全球著名的零售商麦德龙和全球著名的饮料生产商可口可乐在供应链信息化上实现战略合作。通过双方的协同合作，面向整个供应链体系开发并推广信息技术，建立相关支持平台，为业务衔接和数据交换提供支撑，促进物流、信息流和资金流的高效流转、协同，并提高其准确性、完整性和及时性。通过信息流的整合优化，信息系统的合作开发，信息技术的广泛运用，可大大提高需求预测的准确性，提升生产、运输、存储等环节的效率，因此 ASN 和 SSCC 的信息化项目的推进与实施正是供应链的"精益"所在。

项目团队

此次项目涉及端到端的信息交互以及物流运作，因此需要麦德龙以及可口可乐双方不同部门的协同合作。麦德龙涉及供应链、系统、财务以及门店运作部门；与此相对应的，可口可乐公司涉及供应链、系统、财务以及装瓶厂。双方不同部门通力协作，确保了信息流、物流、财务流的顺利流通，这是此次项目顺利进行的保障。

项目介绍

围绕着此次麦德龙和可口可乐的供应链信息化，整合供应链的物流以及信息流，双方采取了以下几项措施：

● 信息链管理：EDI-order（可译为"电子数据交换"—订单信息自动推送）和 ASN-Incl. SSCC（包含托盘码以及托盘信息的预期到货通知）。

● 配送和运输：托盘运输（叉车装卸，托盘交换）、专用车型。

● 收货管理：托盘标准化操作、扫描收货。

与此相对应，该项目有三个阶段：订单的整合方案、预期发货报告及托盘运输收货、以托盘码为主导的预期发货报告。

第一阶段：订单的整合方案。

在麦德龙门店，通过第三方的 EDI 改变订单的生成模式。订单信息流可以进行集中式信息交互，避免之前的多点交互，提高数据的准确性和及时性，为之后的物流配送做好服务准备。

在可口可乐内部，通过自身的信息平台，整合了信息的发布，从而提高了订单的满足率。

通过第一阶段信息流的优化实施，麦德龙和可口可乐获得了以下几方面的大幅度改善：

（1）时间：简化订单生成流程，缩短双方之间的信息传递时间；

（2）成本：订单管理的人员、纸张、耗材成本降低；

（3）信息准确性：避免同样的数据重复进入多个系统；

（4）数据交换的灵活性：在任何时间都可以传递更为准确的数据。

快速的及时传递以及准确性的优化都是物流高效运作的坚实基础。

第二阶段：预期发货报告及托盘运输收货。

在信息层面上，可口可乐将 ASN（Advanced Shipping Note，预期发货报告）通过系统自动传输给麦德龙。

在物流运作上，从始点开始托盘化运输，在终端麦德龙门店直接进行托盘交接。在麦德龙门店，收货人员只需要一键确认收货，大大加快收货流程，节省人力。

第三阶段：以托盘码为主导的预期发货报告。

在第三阶段，麦德龙的订单在系统中进行整合和转换，与可口可乐进行交互，生成 SSCC 代码（通过 SSCC 建立商品物流与相关信息间的对应联系，就能使物流单元的实际流动被跟踪和自动记录，同时也可广泛用于运输行程安排、自动收货等），以托盘为单位进行门店配送，在终端门店可以通过 HHT（Hand Hold Terminal，手持终端）扫描 SSCC 代码进行收货。

因此第三阶段在物流上做到了快速卸货和托盘交接，提升了收货效率和准确率，在信息层面上做到了扫描收货、电子交付，真正做到了供应链物流和信息流的整合提升。

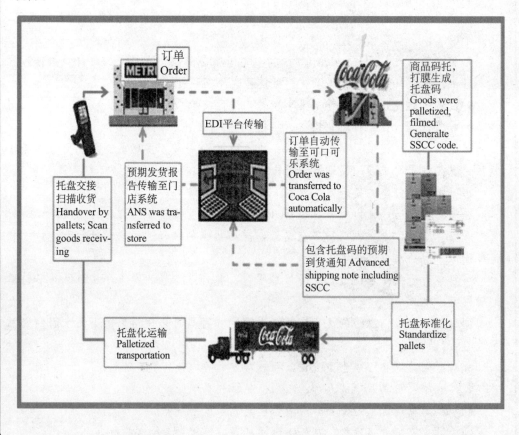

项目成果

　　从最终的结果来看，经过样本统计分析，送货的效率提升了 70%，门店的订单满足率提升了 2%，送货准时率提升了 1%。

　　基于端到端信息链优化、托盘标准化、托盘上下端流转、托盘条码应用，供应链物流和信息流得以整合和应用，实现了订单信息流集中式信息交互，避免之前的多点交互，信息流增加预期到货通知，同时提供托盘信息、标准化的托盘运输配送，大大优化了整个供应链网络的运作效率。

5.1　25 条码和交插 25 条码

5.1.1　25 条码

　　25 条码是一种只有条表示信息的非连续型条码。每一个条码字符由规则排列的 5 个条组成，其中有两个条为宽单元，其余的条和空、字符间隔是窄单元。25 条码的字符集为数字字符 0~9。如图 5-1 所示是表示"123458"的 25 条码结构。

图 5-1　25 条码

　　从图 5-1 可以看出，25 条码由左侧空白区、起始符、数据符、终止符及右侧空白区构成。空不表示信息，宽单元用二进制的"1"表示，窄单元用二进制的"0"表示，起始符用二进制"110"表示（2 个宽单元和 1 个窄单元），终止符用二进制"101"表示（中间是窄单元，两边是宽单元）。因为相邻字符之间有间隔，所以 25 条码是非连续型条码。

　　25 条码是最简单的条码，它研制于 20 世纪 60 年代后期。这种条码只含数字 0~9，应用比较方便。当时主要用于各种类型文件处理及仓库的分类管理、标识胶卷包装及机票的连续号等。但 25 条码不能有效地利用空间，人们在 25 条码的启迪下，将用条表示信息扩展到也用空表示信息。因此在 25 条码的基础上又研制出了条、空均表示信息的交插 25 条码。

5.1.2　交插 25 条码

　　交插 25 条码是在 25 条码的基础上发展起来的，由美国的 Intermec 公司于 1972 年发明的。它弥补了 25 条码的许多不足之处，不仅增大了信息容量，而且由于自身具有校验功能，还提高了可靠性。交插 25 条码起初广泛应用于仓储及重工业领域，1987 年开始用于运输、包装领域。1987年日本引入了交插25条码，用于储运单元的识别与管理。1997年我国也研究制定了交插25条码标准（GB/T 16829-1997），主要应用于运输、仓储、工业生产线、图书情报等领域的自动识别管理。

交插25条码是一种条、空均表示信息的连续型、非定长、具有自校验功能的双向条码。它的字符集为数字字符0～9。图5-2是表示"3185"的交插25条码的结构。

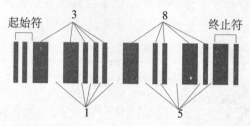

图5-2 交插25条码的结构

从图5-2可以看出，交插25条码由左侧空白区、起始符、数据符、终止符及右侧空白区构成。它的每一个条码数据符由5个单元组成，其中2个是宽单元（表示二进制的"1"），3个是窄单元（表示二进制的"0"）。条码符号从左到右，表示奇数位数字符的条码数据符由条组成，表示偶数位数字符的条码数据符由空组成。组成条码符号的条码字符个数为偶数。当条码字符所表示的字符个数为奇数时，应在字符串左端添加"0"，如图5-3所示。

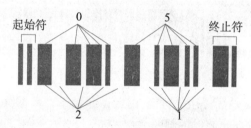

图5-3 表示"215"的条码

起始符包括2个窄条和2个窄空。终止符包括2个条（1个宽条、1个窄条）和1个窄空。它的字符集为数字字符0～9。

5.2 ITF-14 条码

5.2.1 ITF-14 代码结构

储运包装商品14位代码结构见表5-1。

表5-1   储运包装商品14位代码结构

储运包装商品包装指示符	内部所含零售商品代码前12位	校验码
V	$X_{12} X_{11} X_{10} X_9 X_8 X_7 X_6 X_5 X_4 X_3 X_2 X_1$	C

1. 储运包装商品包装指示符

储运包装商品 14 位代码中的第一位数字为包装指示符，用于指示储运包装商品的不同包装级别，取值范围为：1，2，…，8，9。其中：1～8 用于定量储运包装商品，9 用于变量储运包装商品。

2. 内部所含零售商品代码前 12 位

储运包装商品 14 位代码中的第 2 位到第 13 位数字为内部所含零售商品代码前 12 位，是指包含在储运包装商品内的零售商品代码去掉校验码后的 12 位数字。

3. 校验码

储运包装商品 14 位代码中的最后一位为校验码。校验码的计算步骤如下：

（1）从代码位置序号 2 开始，所有偶数位的数字代码求和。代码位置序号是指包括检验码在内的，由右至左的顺序号（校验码的代码位置序号为 1）。

（2）将步骤 1 的和乘以 3。

（3）从代码位置序号 3 开始，所有奇数位的数字代码求和。

（4）将步骤 2 与步骤 3 的结果相加。

（5）用 10 减去步骤 4 所得结果的个位数作为校验码（个位数为 0，校验码为 0）。

示例：代码 0690123456789C 的校验码 C 计算见表 5-2。

表 5-2　　　　　　　　　　　　　14 位代码的校验码计算方法

步骤	举例说明																
自右向左顺序编号	位置序号	14	13	12	11	10	9	8	7	6	5	4	3	2	1		
	代　　码	Q	6	9	0	1	2	3	4	5	6	7	8	9	C		
从序号 2 开始求出偶数位上数字之和①	9+7+5+3+1+9＝34								①								
①×3＝②	34×3＝102								②								
从序号 3 开始求出奇数位上数字之和③	8+6+4+2+0+6＝26								③								
②+③＝④	102+26＝128								④								
用 10 减去结果④所得结果的个位数作为校验码（个位数为 0，校验码为 0）	10-8＝2 校验码 C＝2																

5.2.2　ITF-14 条码符号

ITF-14 条码只用于标识非零售的商品。它对印刷精度要求不高，比较适合直接印刷（热转换或喷墨）于表面不够光滑、受力后尺寸易变形的包装材料，如瓦楞纸或纤维板上。

1. 符号结构

ITF-14 条码的条码字符集、条码字符的组成与交插 25 条码相同，两者之间的区别是 ITF-14 条码是定长条码，交插 25 条码是非定长条码。ITF-14 条码由矩形保护框、左侧空白区、起始符、7 对数据符、终止符和右侧空白区组成，如图 5-4 所示。

1　54　00141　28876　3

①——矩形保护框　②——左侧空白区　③——起始符　④——7 对数据符　⑤——终止符　⑥——右侧空白区

图 5-4　ITF-14 条码符号（保护框完整印刷）

2. 技术要求

（1）X 尺寸：X 尺寸范围为 0.495~1.016mm。

（2）宽窄比（N）：N 的设计值为 2.5，N 的测量值范围为 $2.25 \leqslant N \leqslant 3$。

（3）条高：ITF-14 条码符号的最小条高是 32mm。

（4）空白区：条码符号的左、右空白区最小宽度是 10 个 X 尺寸。

（5）保护框：保护框线宽的设计尺寸是 4.8mm。保护框应容纳完整的条码符号（包括空白区），保护框的水平线条应紧接条码符号条的上部和下部，如图 5-4 所示。对于不使用制版印刷方法印制的条码符号，保护框的宽度应该至少是窄条宽度的 2 倍，保护框的垂直线条可以缺省，如图 5-5 所示。

1　5　4　0　0　1　4　1　2　8　8　7　6　3

图 5-5　ITF-14 条码符号（保护框的垂直线条缺省）

（6）供人识别字符：一般情况下，供人识别字符（包括条码校验字符在内）的数据字符应与条码符号一起使用，按条码符号的比例，清晰印刷。起始符和终止符没有供人识别字符。对供人识别字符的尺寸和字体不做规定。在空白区不被破坏的前提下，供人识别字符可以放在条码符号周围的任何地方。

如果购买一箱矿泉水，可以扫描包装箱上的 ITF-14 条码结账吗？

5.3 GS1-128 条码

5.3.1 GS1-128 代码

1. 代码结构

（1）物流单元标识代码的结构。

物流单元标识代码是标识物流单元身份的唯一代码，具有全球唯一性。物流单元标识代码采用系列货运包装箱代码（SSCC）表示，由扩展位、厂商识别代码、系列号和校验码4个部分组成，是18位的数字代码，分为4种结构，见表2-1。其中，扩展位由1位数字组成，取值范围为0~9；厂商识别代码由7~10位数字组成；系列号由6~9位数字组成；校验码为1位数字。

SSCC与应用标识符AI（00）一起使用，采用UCC/EAN-128条码符号表示；附加信息代码与相应应用标识符AI一起使用，采用UCC/EAN-128条码表示，UCC/EAN-128条码符号见GB/T 15425-2014《商品条码 128条码》，应用标识符见GB/T 16986-2009《商品条码 应用标识符》。

（2）附加信息代码的结构。

附加信息代码是标识物流单元相关信息（如物流单元内贸易项目的全球贸易项目代码、贸易与物流量度、物流单元内贸易项目的数量等信息）的代码，由应用标识符AI和编码数据组成。如果使用物流单元附加信息代码，则需要与SSCC一并处理。常用的附加信息代码如表5-3所示，数据格式见GB/T 16986-2009。

表5-3　　　　　　　　　　　　常用的附加信息代码结构

AI	编码数据名称	编码数据含义	格式
02	CONTENT	物流单元内贸易项目	$n_2 + n_{14}$
33nn，34nn，35nn，36nn	GROSS WEIGHT，LENGTH 等	物流量度	$n_4 + n_6$
37	COUNT	物流单元内贸易项目数量	$n_2 + n...{_8}$
401	CONSIGNMENT	货物托运代码	$n_3 + an...{_{30}}$
402	SHIPMENT NO.	装运标识代码	$n_3 + n_{17}$
403	ROUTE	路径代码	$n_3 + an...{_{30}}$
410	SHIP TO LOC	交货地全球位置码	$n_3 + n_{13}$
413	SHIP FOR LOC	货物最终目的地全球位置码	$n_3 + n_{13}$
420	SHIP TO POST	同一邮政区域内交货地的邮政编码	$n_3 + an...{_{20}}$
421	SHIP TO POST	具有三位ISO国家（地区）代码的交货地邮政编码	$n_3 + n_3 + an...{_9}$

①物流单元内贸易项目应用标识符 AI（02）。

应用标识符"02"对应的编码数据的含义为物流单元内贸易项目的 GTIN，此时应用标识符"02"应与同一物流单元上的应用标识符"37"及其编码数据一起使用。

当 N_1 为 0，1，2，…，8 时，物流单元内的贸易项目为定量贸易项目；当 $N_1 = 9$ 时，物流单元内的贸易项目为变量贸易项目。当物流单元内的贸易项目为变量贸易项目时，应对有效的贸易计量标识。

应用标识符及其对应的编码数据格式如表 5-4 所示。

表 5-4　　　　　　　　　　　　AI（02）及其编码数据格式

应用标识符	物流单元内贸易项目的 GTIN	校验码
02	$N_1 N_2 N_3 N_4 N_5 N_6 N_7 N_8 N_9 N_{10} N_{11} N_{12} N_{13}$	N_{14}

物流单元内贸易项目的 GTIN：表示在物流单元内包含贸易项目的最高级别的标识代码。

校验码：校验码的计算参见 GB/T 16986-2009 附录 B。具体方法是：从右至左对代码进行编号，偶数位上数字之和的 3 倍加上奇数位上数字之和，以大于或等于求和结果数值且为 10 的最小整数倍的数字减去求和结果，所得的值为校验码数值。

②物流量度应用标识符 AI（33nn），AI（34nn），AI（35nn），AI（36nn）。

应用标识符"33nn，34nn，35nn，36nn"对应的编码数据的含义为物流单元的量度和计量单位。物流单元的计量可以采用国际计量单位，也可以采用其他计量单位。通常一个给定物流单元的计量单位只应采用一个量度单位。不过，相同属性的多个计量单位的应用不妨碍数据传输的正确处理。

物流量度编码数据格式如表 5-5 所示。

表 5-5　　　　　　　　　　　物流量度编码数据格式
AI（33nn），AI（34nn），AI（35nn），AI（36nn）及其编码数据格式

应用标识符	量度值
$A_1 A_2 A_3 A_4$	$N_1 N_2 N_3 N_4 N_5 N_6$

应用标识符 $A_1 \sim A_4$，其中，$A_1 \sim A_3$ 表示一个物流单元的计量单位；A_4 表示小数点的位置，例如，A_4 为 0 表示没有小数点，A_4 为 1 表示小数点在 N_5 和 N_6 之间。物流单元的计量单位应用标识符见表 5-6 和表 5-7。

表 5-6　　　　　　　物流单元的计量单位应用标识符（公制物流计量单位）

AI	编码数据含义	单位名称	单位符号	编码数据名称
330n	毛重	千克	kg	GROSS WEIGHT
331n	长度或第一尺寸	米	m	LENGTH

续前表

AI	编码数据含义	单位名称	单位符号	编码数据名称
332n	宽度、直径或第二尺寸	米	m	WIDTH
333n	深度、厚度、高度或第三尺寸	米	m	HEIGHT
334n	面积	平方米	m^2	AREA
335n	毛体积、毛容积	升	l	VOLUME
336n	毛体积、毛容积	立方米	m^3	VOLUME

表 5-7　　　　物流单元的计量单位应用标识符（非公制物流计量单位）

AI	编码数据含义	单位名称	单位符号	编码数据名称
340n	毛重	磅	lb	GROSS WEIGHT
341n	长度或第一尺寸	英寸	in	LENGTH
342n	长度或第一尺寸	英尺	ft	LENGTH
343n	长度或第一尺寸	码	yd	LENGTH
344n	宽度、直径或第二尺寸	英寸	in	WIDTH
345n	宽度、直径或第二尺寸	英尺	ft	WIDTH
346n	宽度、直径或第二尺寸	码	yd	WIDTH
347n	深度、厚度、高度或第三尺寸	英寸	in	HEIGHT
348n	深度、厚度、高度或第三尺寸	英尺	ft	HEIGHT
349n	深度、厚度、高度或第三尺寸	码	yd	HEIGHT
353n	面积	平方英寸	in^2	AREA
354n	面积	平方英尺	ft^2	AREA
355n	面积	平方码	yd^2	AREA
362n	毛体积、毛容积	夸脱	qt	VOLUME
363n	毛体积、毛容积	加仑	gal（US）	VOLUME
367n	毛体积、毛容积	立方英寸	in^3	VOLUME
368n	毛体积、毛容积	立方英尺	ft^3	VOLUME
369n	毛体积、毛容积	立方码	yd^3	VOLUME

量度值：对应的编码数据为物流单元的量度值。

物流量度应与同一单元上的标识代码 SSCC 或变量贸易项目的 GTIN 一起使用。

③物流单元内贸易项目数量应用标识符 AI（37）。

应用标识符"37"对应的编码数据的含义为物流单元内贸易项目的数量，应与 AI（02）一起使用。编码数据格式如表 5-8 所示。

表 5 - 8　　　　　　　　　　　　AI（37）及其编码数据格式

AI	贸易项目的数量
37	$N_1…N_j$　($j \leqslant 8$)

贸易项目的数量：物流单元中贸易项目的数量。

④货物托运代码应用标识符 AI（401）。

应用标识符"401"对应的编码数据的含义为货物托运代码，用来标识一个需要整体运输的货物的逻辑组合（内含一个或多个物理实体）。货物托运代码由货运代理人、承运人或事先与货运代理人订立协议的发货人分配。货物托运代码由货物运输方的厂商识别代码和实际委托信息组成。

编码数据格式如表 5 - 9 所示。

表 5 - 9　　　　　　　　　　　　AI（401）及其编码数据格式

AI	货物托运代码
401	厂商识别代码　　委托信息 ———————→　—————→ $N_1…N_i\ X_{i+1}…X_j$　($j \leqslant 30$)

厂商识别代码见 GB/T 12904-2008《商品条码　零售商品编码与条码表示》。

货物托运代码为字母、数字字符，包含 GB/T 1988-1998 中"信息技术信息交换用七位编码字符集"中的所有字符，见 GB/T 16986-2009 附录 D。委托信息的结构由该标识符的使用者确定。

货物托运代码在适当的时候可以作为单独的信息处理，或与出现在相同单元上的其他标识数据一起处理。

数据名称为 CONSIGNMENT。

注意：如果生成一个新的货物托运代码，在此之前的货物托运代码应从物理单元中去掉。

⑤装运标识代码应用标识符 AI（402）。

应用标识符"402"对应的编码数据的含义为装运标识代码，用来标识一个需整体装运的货物的逻辑组合（内含一个或多个物理实体）。装运标识代码（提货单）由发货人分配。装运标识代码由发货方的厂商识别代码和发货方参考代码组成。

如果一个装运单元包含多个物流单元，应采用 AI（402）表示一个整体运输的货物的逻辑组合（内含一个或多个物理实体）。它为一票运输货物提供了全球唯一的代码。它可以作为一个交流的参考代码在运输环节中使用，例如 EDI 报文中能够用于一票运输货物的代码和/或发货人的装货清单。

编码数据格式如表 5 - 10 所示。

表 5 – 10

AI（402）及其编码数据格式

应用标识符	装运标识代码		
402	厂商识别代码	发货方参考代码	校验码
	$N_1\ N_2\ N_3\ N_4\ N_5\ N_6\ N_7\ N_8\ N_9\ N_{10}\ N_{11}\ N_{12}\ N_{13}\ N_{14}\ N_{15}\ N_{16}\ N_{17}$		

厂商识别代码为发货方的厂商识别代码，见 GB/T 12904-2008。

发货方参考代码由发货方分配。

校验码的计算参见 GB/T 16986-2009 附录 B。同物流单元内贸易项目代码校验码的计算。

装运标识代码在适当的时候可以作为单独的信息处理，或与出现在相同单元上的其他标识数据一起处理。

数据名称为 SHIPMENT NO.。

注意：建议按顺序分配代码。

⑥路径代码应用标识符 AI（403）。

应用标识符"403"对应的编码数据的含义为路径代码。路径代码由承运人分配，目的是提供一个已经定义的国际多式联运方案的移动路径。

编码数据格式如表 5 – 11 所示。

表 5 – 11

AI（403）及其编码数据格式

AI	路径代码
403	$X_1 \dots X_j\ (j \leqslant 30)$

路径代码为字母、数字字符，包含 GB/T 1988-1998 表 2 中的所有字符，见附录 D。其内容与结构由分配代码的运输商确定。如果运输商希望与其他运输商达成合作协议，则需要一个多方认可的指示符指示路径代码的结构。

路径代码应与相同单元的 SSCC 一起使用。

数据名称为 ROUTE。

⑦交货地全球位置码应用标识符 AI（410）。

应用标识符"410"对应的编码数据的含义为交货地全球位置码。该单元数据串用于通过位置码 GLN 实现对物流单元的自动分类。交货地全球位置码由收件人的公司分配，由厂商识别代码、位置参考代码和校验码构成。

编码数据格式如表 5 – 12 所示。

表 5 – 12

AI（410）及其编码数据格式

AI	厂商识别代码	位置参考代码	校验码
410	$N_1\ N_2\ N_3\ N_4\ N_5\ N_6\ N_7\ N_8\ N_9\ N_{10}\ N_{11}\ N_{12}\ N_{13}$		

厂商识别代码见 GB/T 12904-2008。

位置参考代码由收件人的公司分配。

检验码的计算参见 GB/T 16986-2009 附录 B。同物流单元内贸易项目代码校验码的计算。

交货地全球位置码可以单独使用，或与相关的标识数据一起使用。

数据名称为 SHIP TO LOC。

⑧货物最终目的地全球位置码应用标识符 AI（413）。

应用标识符"413"对应的编码数据的含义为货物最终目的地全球位置码。用于标识物理位置或法律实体。AI（413）由厂商识别代码、位置参考代码和校验码构成。

编码数据格式如表 5-13 所示。

表 5-13   AI（413）及其编码数据格式

AI	厂商识别代码 位置参考代码 校验码
413	N_1 N_2 N_3 N_4 N_5 N_6 N_7 N_8 N_9 N_{10} N_{11} N_{12} N_{13}

厂商识别代码见 GB/T 12904-2008。

位置参考代码由最终收受人的公司确定。

校验码参见 GB/T 16986-2009 附录 B。计算与物流单元内贸易项目代码校验码相同。

货物最终目的地全球位置码可以单独使用，或与相关的标识数据一起使用。

数据名称为 SHIP FOR LOC。

注：货物最终目的地全球位置码是在收货方内部使用，承运商不使用。

⑨同一邮政区域内交货地的邮政编码应用标识符 AI（420）。

应用标识符"420"对应的编码数据的含义为交货地的邮政编码（国内格式）。该单元数据串是为了在同一邮政区域内使用邮政编码而对物流单元进行自动分类。

数据格式如表 5-14 所示。

表 5-14   AI（420）及其编码数据格式

AI	邮政编码
420	$X_1 \ldots X_j$ （j≤20）

邮政编码：由邮政部门定义的收件人的邮政编码。同一邮政区域内交货地的邮政编码通常单独使用。

数据名称为 SHIP TO POST。

⑩具有三位 ISO 国家（地区）代码的交货地邮政编码应用标识符 AI（421）。

应用标识符"421"对应的编码数据的含义为交货地的邮政编码（国际格式）。该单元数据串用于利用邮政编码对物流单元进行自动分类。由于邮政编码是以 ISO 国家代码为前缀码，故在国际范围内通用。

编码数据格式如表 5-15 所示。

表 5-15　　　　　　　　　　　　AI（421）及其编码数据格式

AI	ISO 国家（地区）代码	邮政编码
421	$N_1 N_2 N_3$	$X_4 … X_j$ （$j \leqslant 12$）

ISO 国家（地区）代码 $N_1 N_2 N_3$ 为 GB/T 2659 中的国家（地区）名称代码。

邮政编码：由邮政部门定义的收件人的邮政编码。

具有三位 ISO 国家（地区）代码的交货地邮政编码通常单独使用。

数据名称为 SHIP TO POST。

2. 编制规则

（1）物流单元标识代码的编制规则。

①基本原则。

唯一性原则：每个物流单元都应分配一个独立的 SSCC，并在供应链流转过程中及整个生命周期内保持不变。

稳定性原则：一个 SSCC 分配以后，从货物起运日起的一年内，不应重新分配给新的物流单元。有行业惯例或其他规定的可延长期限。

②扩展位。

SSCC 的扩展位用于增加编码容量，由厂商自行编制。

③厂商识别代码。

厂商识别代码的编制规则见 GB/T 12904-2008，由中国物品编码中心统一分配。

④系列号。

系列号由获得厂商识别代码的厂商自行编制。

⑤校验码。

校验码根据 SSCC 的前 17 位数字计算得出，计算方法见 GB/T 16986-2009 附录 B。

（2）附加信息代码的编制规则。

附加信息代码由用户根据实际需求按照附加信息代码的结构的规定编制。

5.3.2　GS1-128 条码符号

SSCC 与应用标识符 AI（00）一起使用，采用 UCC/EAN-128 条码符号表示；附加信息代码与相应的应用标识符 AI 一起使用，采用 UCC/EAN-128 条码表示。UCC/EAN-128 条码符号见 GB/T 15425-2014。应用标识符见 GB/T 16986-2009。

GS1-128 条码符号的组成和基本格式，如图 5-6 所示。

图 5-6　GS1-128 条码符号的基本格式

（1）左侧空白区。

（2）双字符起始图形。包括一个起始符（Start A，Start B 或 Start C）和 FNC1 字符。

（3）表示数据和特殊字符的一个或多个条码字符（包括应用标识符）。

（4）校验符。

（5）终止符。

（6）右侧空白区。

条码符号所表示的数据字符，以可供人识别的字符表示在符号的下方或上方。

5.3.3　物流单元标签

1. 标签格式

一个完整的物流单元标签包括三个标签区段，从上到下的顺序通常为：承运商区段、客户区段和供应商区段。每个区段均采用两种基本形式表示一类信息的组合。标签文本内容位于标签区段的上方，条码符号位于标签区段的下方。其中，SSCC 条码符号应位于标签的最下端。标签实例如图 5-7 所示。

SSCC 是所有物流单元标签的必备项，其他信息如果需要应配合应用标识符 AI 使用。

（1）承运商区段。

承运商区段通常包含装货时已确定的信息，如到货地邮政编码、托运代码、承运商特定路线和装卸信息。

（2）客户区段。

客户区段通常包含供应商在订货和订单处理时就已确定的信息，主要包括到货地点、购货订单代码、客户特定路线和货物的装卸信息。

图 5-7　物流单元标签

（3）供应商区段。

供应商区段通常包含包装时供应商已确定的信息。客户和承运商所需要的产品属性信息，如产品变体、生产日期、包装日期和有效期、批号（组号）、系列号等也可以在此区段表示。

2. 标签尺寸

用户可以根据需要选择 105mm×148mm（A6 规格）或 148mm×210mm（A5 规格）两种尺寸。当只有 SSCC 或者 SSCC 和其他少量数据时，可选择 105mm×148mm。

5.4　Code 39 条码和 Code 93 条码

5.4.1　Code 39 条码

Code 39 条码是第一个字母、数字式码制，1974 年由 Intermec 公司推出。它是长度可变的离散型自校验字母、数字式码制，具有误读率低等优点。它首先在美国国防部得到应用，目前广泛应用在汽车行业、材料管理、经济管理、医疗卫生和邮政、储运等领域。我国于 1991 年研究制定了 Code 39 条码标准（GB/T 12908-2002），推荐在物流、工业生产线、图书情报、医疗卫生等领域应用 Code 39 条码。

Code 39 条码是一种条、空均表示信息的非连续型、非定长、具有自校验功能的双向条码。

由图 5-8 可以看出，Code 39 条码的每一个条码字符由 9 个单元组成（5 个条单元和 4 个空单元），其中 3 个单元是宽单元（用二进制的"1"表示），其余是窄单元（用二进制的"0"表示）。

图 5-8　表示"B2C3"的 Code 39 条码

1. Code 39 条码的特点

一维码 Code 39 条码被广泛采用，它具有以下特点：

（1）能够对任意长度的数据进行编码，其局限在于印刷品的长度和条码阅读器的识别范围。

（2）支持设备广泛，目前几乎所有的条形码阅读设备都能阅读 Code 39 条码，几乎所有类型的打印机都能打印。

（3）编制简单，运用简单的开发技术就能快速生成相应的编码图像。

（4）一般 Code 39 条码由 5 条线和分开它们的 4 条缝隙共 9 个元素构成。线和缝隙有宽窄之分，而且无论是线还是缝隙，仅有 3 个比其他的元素要宽一定比例。

2. Code 39 条码的编码规则

Code 39 条码的编码规则如下：

（1）每 5 条线表示一个字符；

（2）粗线表示 1，细线表示 0；

（3）线条间的间隙宽的表示 1，窄的表示 0；

（4）5 条线加上它们之间的 4 条间隙就是九位二进制编码，而且这九位中必定有三位是 1，所以被称为 39 条码；

（5）条形码的首尾各一个"＊"符号标识开始和结束。

Code 39 条码只接受以下 43 个有效输入字符：

（1）26 个大写英文字母（A～Z）；

（2）10 个数字（0～9）；

（3）连接号（—），句点（.），空格，美元符号（$），斜杠（/），加号（＋）以及百分号（%）。

其余的输入将会被忽略。

5.4.2 Code 93 条码

Code 93 条码的符号是由 Intermec 公司于 1982 年以 Code 39 条码为基础设计的，如图 5-9 所示，它与 Code 39 条码的字符集相同，密度比 Code 39 条码高，因而在条码粘贴面积不足的情况下，可以用 Code 93 条码代替 Code 39 条码。它没有自校验功能，为了确保数据的安全性，采用了双校验字符，其可靠性比 Code 39 条码高。

图 5-9 Code 93 条码

1. 编码字符集

Code 93 条码编码字符集与 Code 39 条码相同，为 26 个大写字母、10 个数字和 7 个特殊字符。

除了 43 个字符，Code 93 条码还定义 5 个特殊字符，在一个开放的系统，最低值的 X 尺寸为 7.5 密耳（0.19mm）。条码的最低高度为 15% 的符号长度或 0.25 英寸（6.35mm），以较高者为准。开始和结尾空白区应至少为 0.25 英寸（6.35mm）。

2. 符号结构

一个典型的 Code 93 条码具有以下结构：

（1）一个起始字符 *；

（2）编码的邮件；

（3）第一模-47 校验字符"c"；

（4）第二模-47 校验性质的"K"；

（5）停止字符；

（6）终止符。

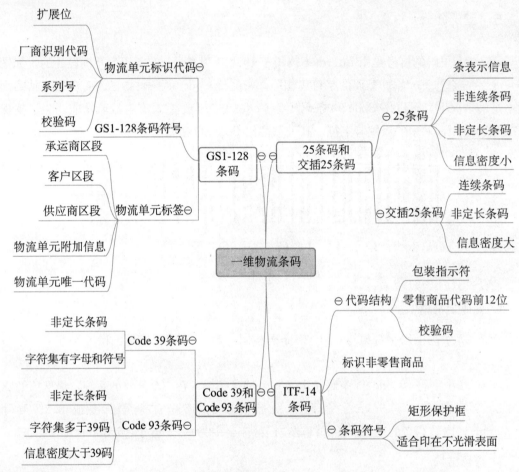

思考题

1. 结合超市购物经历，谈谈你对 ITF-14 条码的理解。
2. 简述 ITF-14 条码符号外表面的黑方框的作用。
3. Code 39 条码和 Code 93 条码主要有哪些区别？
4. 简述 GS1-128 条码和 ITF-14 条码在代码结构上的主要区别。

　　条码技术作为信息技术的重要组成部分，是提升物流运作效率、降低物流运作成本的重要技术手段，在党的十九大报告中也提到了信息技术。

　　请以小组形式议一议：党的十九大报告中提到物流及信息技术的内容对于促进物流业发展能起到哪些作用？

模块 6

多维条码

知识目标

1. PDF 417 条码；
2. QR Code 条码；
3. 三维条码。

情感目标

1. 培养学生团体合作精神和协调能力；
2. 塑造学生良好的工作意识；
3. 训练学生的创新思维，培养学生的创新意识与创新能力。

重难点

1. 二维条码的应用领域；
2. 三维条码与二维条码的区别。

导入案例

二维码支撑旅游业智慧化

在国民经济收入不断增长的背景下，旅游便捷性和亲民化极大地激发了国民的旅游热情，旅游市场欣欣向荣。智慧旅游的提出源于"智慧地球"及在中国实践的

"智慧城市"，主要是感知旅游资源、经济活动和旅游者等方面的信息并及时发布，便于人们及时了解和做好旅游计划。二维码具有成本低、传播方便、信息容量大、可靠性高等优点，是实现智慧旅游的关键技术之一。二维码作为移动互联网的连接入口，具有使流程简易化、客户体验人性化的作用，能加速旅游行业信息化向智慧化转型。二维码在推动旅游智慧化的过程中通过以下三方面的具体应用来发挥作用：

1. 电子优惠券成为旅游打折工具

为了回馈老客户、吸引新客户，景区景点会采取各种各样的促销活动，传统的优惠券是纸质的，不但印刷制品耗费企业相当昂贵的成本，而且还要聘请人员向路人发送。电子优惠券是二维码最基础的应用，旅游商家的活动、营销宣传只要生成一个小小的二维码电子凭证，消费者在出发前通过团购、网购获得，到达后即可享受优惠。这样传递的二维码电子优惠券信息更准确、更便捷，且因为二维码电子券具有安全、易识别、多重加密等功能，相对于纸质优惠券具有更高级别的安全防伪功能，且对于旅游服务机构统计查看促销效果非常方便，大大节省了旅游企业的成本。

2. 二维码智能门票既便捷又时尚

游客出游前访问旅游服务平台，查找到对应的景区，了解门票种类、价格、剩余票数以及优惠信息等，确定购买并完成支付，购票成功后用户可接收彩信或下载二维码智能门票获得电子票证，便完成了景点智能门票购买。到达景点后，游客在入口处出示手机上的二维码门票，检票扫描系统读取二维码信息即可完成进入景区的验票流程。二维码智能门票的应用可免去游客排长队的问题，同时可从源头上杜绝假票现象，并方便景区管理人员实时掌握入园游客情况。目前，二维码电子门票被广泛应用于旅游景区、场馆、影院等收费场所。例如，在广西南宁举办的一年一度的中国-东盟博览会近年便应用二维码电子门票系统，游客通过中国移动手机支付平台从账户话费里支付购票费用便可获取电子二维码入场券，到达后在专用电子检票处验证通过便可入场，既便捷又时尚。

3. 二维码电子导游，提高旅游品质

每个景区景点都有着亘古流传的故事，为了让游览者能够体验该景区景点的文化，大部分星级以上的景区均配有导游讲解。二维码电子导游是指把景区景点内容展示在移动互联网入口，以二维码的形式展放在门票或景点附近，游客只需要用手机扫描对应二维码即可听到整体景区或局部景点的相关情况介绍，而且可以边欣赏边听，避免人工导游讲解不全面、声音不响亮、人多嘈杂而听不见和游客为了听导游讲解不得不赶景点的问题，并且可以节省聘请导游的费用。广西民族博物馆采用了自动播出导览服务手段，部分藏品旁边展示对应的二维码，游客走近藏品时用手机扫一扫二维码标识牌，即可获取实时的语音讲解。简单而便捷的语音智能导游服务为人们讲述藏品背后的故事，提高了游览者的旅游体验品质，节省了博物馆的管理成本。

广西民族博物馆二维码电子导游

6.1　行排列式二维条码

6.1.1　行排列式二维条码概述

行排式二维条码，又称堆积式二维条码或层排式二维条码，其编码原理是建立在一维条码基础之上，按需要堆积成两行或多行。它在编码设计、校验原理和识读方式等方面继承了一维条码的一些特点，识读设备和条码印刷与一维条码技术兼容。但由于行数的增加，需要对行进行行判定，因而其译码算法与软件也不完全与一维条码相同。具有代表性的行排式二维条码有 Code 49、Code 16K、PDF 417 等。

6.1.2　PDF 417 条码

PDF 417 条码是由美籍华人王寅军博士发明的一种行排式二维条码。PDF 取自英文 "Portable Data File" 三个单词的首字母,意为"便携数据文件"。因为组成条码的每一个符号字符都是由 4 个条和 4 个空共 17 个模块构成,所以称为 PDF 417 条码,如图 6-1 所示。PDF 417 条码是一种多层、可变长度、具有高容量和纠错能力的二维条码。

图 6-1　PDF 417 条码

1. PDF 417 条码的符号结构

(1) 符号结构(如图 6-2 所示)。

每一个 PDF 417 条码的符号由空白区包围的一序列层组成,其层数为 3~90。每一层包括左空白区、起始符、左层指示符号字符、1~30 个数据符号字符、右层指示符号字符、终止符和右空白区。

由于层数及每一层的符号字符数是可变的,故 PDF 417 条码符号的高宽比,即纵横比(Aspect Ratio)可以变化,以适应于不同可印刷空间的要求。

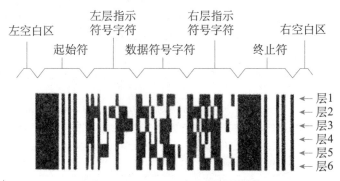

图 6-2　PDF 417 条码的符号结构

(2) 码字集。

PDF 417 条码码字集包含 929 个码字,码字取值范围为 0~928。码字集的使用应遵守下列规则:

1）码字 0～899：根据当前的压缩模式和 GLI 解释，用于表示数据。

2）码字 900～928：在每一模式中，用于具体特定目的符号字符的表示。具体规定如下：码字 900、901、902、913、924 用于模式标识；码字 925、926、927 用于 GLI；码字 922、923、928 用于宏 PDF 417 条码；码字 921 用于阅读器初始化；码字 903～912 和 914～920 保留待用。

（3）错误纠正码词（Error Correction Codeword）。

通过错误纠正码词，PDF 417 条码拥有纠错功能。每个 PDF 417 条码符号需两个错误纠正码词进行错误检测，并可通过用户定义纠错等级 0～8，可纠正多达 512 个错误码词。级别越高，纠正能力越强。由于这种纠错功能，使得污损的 PDF 417 条码也可以被正确识读。错误纠正码词的生成是根据 Reed-Solomoon 错误控制码算法计算。

（4）数据组合模式（Data Compaction Mode）。

PDF 417 条码提供了三种数据组合模式，每一种模式定义一种数据序列与码词序列之间的转换方法。三种模式为文本组合模式（Text Compaction，Mode-TC）、字节组合模式（Byte Compaction，Mode-BC）和数字组合模式（Numeric Compaction，Mode-NC）。通过模式锁定和模式转移进行模式间的切换，可在一个 PDF 417 条码符号中应用多种模式表示数据。

（5）宏 PDF 417。

宏 PDF 417 提供了一种强有力的机制，这种机制可以把一个 PDF 417 条码符号无法表示的大文件分成多个 PDF 417 条码符号来表示。宏 PDF 417 包含了一些附加控制信息来支持文件的分块表示，译码器利用这些信息来正确组合和检查所表示的文件，不必担心符号的识读顺序。

2. PDF 417 条码符号的特性

PDF 417 条码符号的特性如表 6-1 所示。

表 6-1　　　　　　　　　　　　PDF 417 条码的特性

项目	特性
可编码字符集	全 ASCII 字符或 8 位二进制数据，可表示汉字
类型	连续、多层
字符自校验功能	有
符号尺寸	可变，高度 3～90 行，宽度 90～583 个模块宽度
双向可读	是
错误纠正码词数	2～512 个
最大数据容量（错误纠正级别为 0 时）	1 850 个文本字符 或 2 710 个数字 或 1 108 个字节
附加属性	可选择纠错级别、可跨行扫描、宏 PDF 417 条码、全球标记标识符等

6.2　矩阵式二维条码

6.2.1　矩阵式二维条码概述

矩阵式二维条码又称棋盘式二维条码，是在一个矩形空间通过黑、白像素在矩阵中的不同分布进行编码。在矩阵相应元素位置上，用点（方点、圆点或其他形状）的出现表示二进制"1"，用点的不出现表示二进制的"0"。点的排列组合确定了矩阵式二维条码所代表的意义。矩阵式二维条码是建立在计算机图像处理技术、组合编码原理等基础上的一种新型图形符号自动识读处理码制。具有代表性的矩阵式二维条码有 QR Code、汉信码、Data Matrix、Maxi Code、Code One、矽感 CM 码（CompactMatrix）、龙贝码等。

6.2.2　QR Code

1. 概述

QR Code（Quick Response Code）是由日本 Denso 公司于 1994 年 9 月研制的一种矩阵式二维码符号（如图 6-3 所示）。它除了具有一维条码及其他二维条码所具有的信息容量大、可靠性高、可表示汉字及图像多种文字信息、保密与防伪性强等优点外，还具有以下主要特点：

图 6-3　QR Code

（1）超高速识读。

超高速识读是 QR Code 区别于 PDF 417、Data Matrix 等二维条码的主要特点。用 CCD 二维条码识读设备，每秒可识读 30 个 QR Code 条码字符，而对于含有相同数据信息的 PDF 417 条码字符，每秒仅能识读 3 个条码字符。QR Code 具有的唯一的寻像图形使识读器识读简便，具有超高速识读性和高可靠性，具有的校正图形可有效解决基底弯曲或光学变形等识读问题，使它适宜应用于工业自动化生产线管理等领域。

（2）全方位识读。

QR Code 具有全方位（360°）识读的特点，这是 QR Code 优于行排式二维条码如 PDF 417 条码的另一主要特点。

（3）能够有效地表示中国汉字和日本汉字。

QR Code 用特定的数据压缩模式表示中国汉字和日本汉字，仅用 13bit 就可以表示一个汉字，而 PDF 417 条码、Data Matrix 等二维码没有特定的汉字表示模式，需要用 16bit（2 个字节）表示一个汉字。因此，QR Code 比其他的二维条码表示汉字的效率提高了 20%。

2. 编码字符集

（1）字母、数字型数据（数字 0~9；大写字母 A~Z；9 个其他字符：空格，$,%，*，+，—，.，/,:)。

（2）8 位字节型数据。

（3）日本汉字字符。

（4）中国汉字字符（GB/T 2312-1980 对应的汉字和非汉字字符）。

3. 符号结构

每个 QR Code 符号由名义上的正方形模块构成，组成一个正方形阵列。它由编码区域及包括寻像图形、分隔符、定位图形和校正图形在内的功能图形组成。功能图形不能用于数据编码。符号的四周由空白区包围。如图 6 - 4 所示为 QR Code 版本 7 符号的结构图。

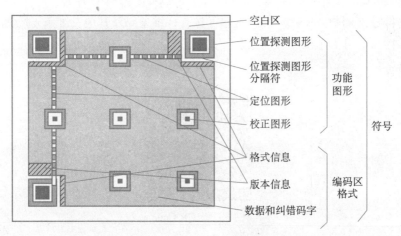

图 6 - 4　QR Code 符号结构

（1）符号版本和规格。

QR Code 符号共有 40 种规格，分别为版本 1、版本 2、……、版本 40。版本 1 的规格为 21 模块×21 模块，版本 2 为 25 模块×25 模块，以此类推，每一版本符号比前一版本每边增加 4 个模块，直到版本 40，版本 40 的规格为 177 模块×177 模块。

（2）寻像图形。

寻像图形包括三个相同的位置探测图形，分别位于符号的左上角、右上角和左下角，如图 6 - 5 所示。每个位置探测图形可以看作是由 3 个重叠的同心的正方形组成，它们分别为 7×7 个深色模块、5×5 个浅色模块和 3×3 个深色模块。位置探测图形的模块宽度比为 1:1:3:1:1。符号中其他地方遇到类似图形的可能性极小，因此可以在视场中迅速地识别可能的 QR Code 符号。识别组成寻像图形的三个位置探测图形，可以明确地确定视场中符号的位置和方向。

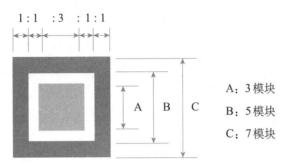

图 6-5 位置探测图形的结构

（3）分隔符。

在每个位置探测图形和编码区域之间有宽度为 1 个模块的分隔符，全部由浅色模块组成。

（4）定位图形。

水平和垂直定位图形分别为 1 个模块宽的一行和一列，由深色与浅色模块交替组成，其开始和结尾都是深色模块。水平定位图形位于上部的两个位置探测图形之间，符号的第 6 行。垂直定位图形位于左侧的两个位置探测图形之间，符号的第 6 列。它们的作用是确定符号的密度和版本，提供决定模块坐标的基准位置。

（5）校正图形。

每个校正图形可以看作 3 个重叠的同心正方形，由 5×5 个深色模块、3×3 个浅色模块以及位于中心的 1 个深色模块组成。校正图形的数量视符号的版本而定。在模式 2 的符号中，版本 2 以上（含版本 2）的符号均有校正图形。

（6）编码区域。

编码区域包括表示数据码字、纠错码字、版本信息和格式信息的符号字符。

（7）空白区。

空白区为环绕在符号四周的 4 个模块宽的区域，其反射率应与浅色模块相同。

4. 基本特性

QR Code 的基本特性如表 6-2 所示。

表 6-2　　　　　　　　　　　　　　　　QR Code 的基本特性

符号规格	21×21（版本 1）～177×177（版本 40）
数据类型与容量	数字字符，7 089 个字符
	字母数字，4 296 个字符
	8 位字节数据，2 953 个字符
	中国汉字、日本汉字数据，1 817 个字符

数据表示法	深色模块为二进制"1"，浅色模块为二进制"0"
纠错能力	L级：约可纠正 7% 的错误 M级：约可纠正 15% 的错误 Q级：约可纠正 25% 的错误 H级：约可纠正 30% 的错误
结构链接	可用 1～16 个 QR Code 条码符号表示
独立定位功能	有

在日常生活中哪些场景用到了 QR Code 二维码？

6.2.3　汉信码

1. 概述

汉信码是由中国物品编码中心与北京网络畅想科技有限公司联合研发的、具有完全自主知识产权的一种二维条码，是国家"十五"重要技术标准研究专项课题"二维条码新码制开发与关键技术标准研究"的研究成果。汉信码的研制成功有利于打破国外公司在二维条码生成与识读核心技术上的商业垄断，降低我国二维条码技术的应用成本，推进二维条码技术在我国的应用进程。

汉信码在汉字表示方面，支持 GB/T 18030-2005 大字符集，汉字表示信息效率高，达到了国际领先水平。汉信码具有抗畸变和抗污损能力强、信息容量大的特点，达到了国际先进水平。汉信码相比于其他条码具有如下特点：

（1）信息容量大。

汉信码可以表示数字、英文字母、汉字、图像、声音、多媒体等一切可以二进制化的信息，并且在信息容量方面远远领先于其他码制，如图 6-6 所示。

汉信码的数据容量	
数字	最多 7 829 个字符
英文字符	最多 4 350 个字符
汉字	最多 2 174 个字符
二进制信息	最多 3 262 个字节

图 6-6　汉信码的信息表示

（2）具有高度的汉字表示能力和汉字压缩效率。

汉信码支持 GB/T 18030-2005 中规定的 160 万个汉字信息字符，并且采用 12bit 的压缩比率，每个符号可表示 12～2 174 个汉字字符，如图 6-7 所示。

汉信码可以表示GB/T 18030-2005全部160万码位，单个符号最多可以表示2 174个汉字。

图 6-7　汉信码汉字信息表示

（3）编码范围广。

汉信码可以将照片、指纹、掌纹、签字、声音、文字等凡可数字化的信息进行编码。

（4）支持加密技术。

汉信码是第一种在码制中预留加密接口的条码。它可以与各种加密算法和密码协议进行集成，因此具有极强的保密和防伪性能。

（5）抗污损和畸变能力强。

汉信码具有很强的抗污损和畸变能力，可以附着在常用的平面或桶装物品上，并且可以在缺失两个定位标的情况下进行识读，如图 6-8 所示。

图 6-8　汉信码抗污损和畸变能力强

（6）修正错误能力强。

汉信码采用世界先进的数学纠错理论和太空信息传输中常采用的 Reed-Solomon 纠错算法，使其纠错能力可以达到 30%。

（7）可供用户选择的纠错能力。

汉信码提供四种纠错等级，使得用户可以根据自己的需要在 7%、15%、25% 和 30% 各种纠错等级上进行选择，从而具有高度的适应能力。

（8）容易制作且成本低。

利用现有的点阵、激光、喷墨、热敏/热转印和制卡机等打印技术，即可在纸张、卡片、PVC 甚至金属表面上印出汉信码。由此所增加的费用仅是油墨的成本，可以称得上是一种真正的"零成本"技术。

（9）条码符号的形状可变。

汉信码支持 84 个版本，可以由用户自主进行选择，最小码仅有指甲大小。

（10）外形美观。

汉信码在设计之初就考虑到人的视觉接受能力，所以较之现有国际上的二维条码技术，汉信码在视觉感官上具有突出的特点。

2. 编码字符集

（1）数据型数据（数字 0～9）。

（2）ASCII 字符集。

（3）二进制数据（包括图像等其他任意二进制信息）。

（4）支持 GB/T 18030-2005 大汉字字符集的字符。

3. 符号结构

汉信码符号是由 $n \times n$ 个正方形模块组成的一个正方形阵列构成。整个正方形的码图区域由信息编码区与功能信息区构成，其中功能图形区主要包括寻像图形、寻像图形分割区与校正图形。功能图形不用于数据编码。码图符号的四周为 3 个模块宽的空白区。如图 6-9 所示是版本为 24 的汉信码符号结构图。

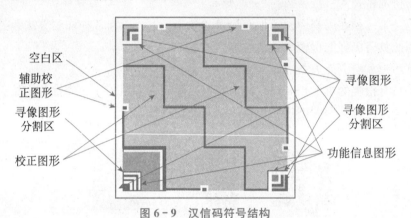

图 6-9　汉信码符号结构

（1）符号版本和规格。

汉信码符号共有 84 种规格，分别为版本 1、版本 2、……、版本 84。版本 1 的规格为 23 模块×23 模块，版本 2 为 25 模块×25 模块，依此类推，每一版本符号比前一版本每边增加 2 个模块，直到版本 84，其规格为 189 模块×189 模块。图 6-10 中从小到大依次为版本 1、版本 4、版本 24 的符号结构。

图 6-10　不同版本符号结构图

（2）寻像图形。

汉信码图的寻像图形为四个位置探测图形，分别位于符号的左上角、右上角、左下角和右下角，如图 6-11 所示。各位置探测图形的形状相同，只是摆放的朝向不同，位于右上角和左下角的寻像图形摆放朝向相同，位于右下角和左上角的寻像图形摆放朝向相反。位置探测图形大小为 7×7 个模块，整个位置探测图形可以理解为将 3×3 个深色模块沿着其左边和上边外扩 1 个模块宽的浅色边，后继续分别外扩 1 个模块宽的深色边、1 个模块宽的浅色边和 1 个模块宽的深色边所得。其扫描的特征比例为 1∶1∶1∶1∶3 和 3∶1∶1∶1∶1（沿不同方向扫描所得值不同）。识别组成寻像图形的四个位置探测图形，可以明确确定视场中符号的位置和方向。

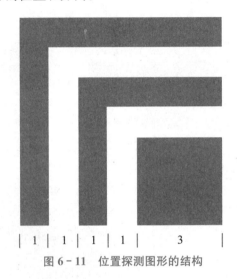

| 1 | 1 | 1 | 1 | 3 |

图 6-11 位置探测图形的结构

（3）寻像图形分割区。

在每个位置探测图形和编码区域之间有宽度为 1 个模块的寻像图形分割区。它是由两个宽为 1 个模块、长为 8 个模块的浅色模块矩形垂直连接成的一个"L"形图形。

（4）校正图形。

汉信码的校正图形是一组由黑白相邻边组成的阶梯形的折线以及排布于码图四个边缘上的 2×3 个模块（5 个浅色、1 个深色）组成的辅助校正图形。整个校正图形的排布分为两种情况，其中码图最左边与最下边区域的校正折线长度是一个特殊值 r，而剩余区域的校正折线则是平均分布，宽度为 k。对不同版本的码图，其校正图形的排布各有差异，各版本校正折线的 r 与 k 的值以及平分为 k 模块宽的个数 m 满足关系：码图宽度 $n=r+m×k$，而对于版本小于 3 的码图，则没有任何校正图形。在码图的四个边缘上，在校正图形交点和相邻码图顶点之间以及相邻校正图形交点之间，排布 2×3 个模块大小的辅助校正图形，其中 1 个模块为深色，其余 5 个模块为浅色，如图 6-9 所示。

（5）功能信息区域。

功能信息区域是指四个寻像图形分割区与内部码区之间的一个模块宽的区域，如图 6-9 所示。每个功能信息区域的模块大小为 17 个，总共的功能信息区容量为 17×4=68。其中功能信息所包含的内容有版本信息、纠错等级和掩模方案。

（6）信息编码区域。

信息编码区域的内容主要包括数据码字、纠错码字和填充码字。

（7）空白区。

空白区为环绕在码图符号四周的 3 个模块宽的区域，空白区模块的反射率应与码图符号中的浅色模块相同。

4. 技术特性

汉信码的技术特征见表 6-3。

表 6-3　　　　　　　　　　　　　　　　汉信码的技术特性

符号规格	23×23（版本 1）～189×189（版本 84）
数据类型与容量（84 版本，第 4 纠错等级）/个	数字字符，7 829
	字母、数字，4 350
	8 位字节数据，3 262
	中国常用汉字，2 174
是否支持 GB/T 18030-2005 汉字编码	支持全部 GB/T 18030-2005 字符集汉字以及未来的扩展
数据表示法	深色模块为"1"，浅色模块为"0"
纠错能力	L1 级：约可纠正 7% 的错误
	L2 级：约可纠正 15% 的错误
	L3 级：约可纠正 25% 的错误
	L4 级：约可纠正 30% 的错误
结构链接	无
掩模	有 4 种掩模方案
全向识读功能	有

6.3　三维条码

6.3.1　三维条码概述

由深圳大学光电子学研究所开发的任意进制三维码技术，是一项具有完全自主知识产权和国际领先水平的条码技术。三维码运用色彩和灰度表示第三个维度，从而在平面上实现了三维条码的表示，与传统二维条码相比，除具有相同的字符集和易识别性外，还具有更大的信息容量和更好的安全性。三维条码示意图如图 6-12 所示。

一维条码和二维条码都是在二维空间的编码，使用一定长度和宽度的条和空表示数据，三维码在二维码的基础上再增加了一个维度，其能够表示的数据更多，具有更大的信息容量。三维码空间中的点由 X 轴、Y 轴与 Z 轴的参数共同描述，在由 X 轴与 Y 轴所决定的二维码平面的基础上引入 Z 轴层高的概念，从而使编码容量有了大幅度提高，在相同

图 6 - 12 三维条码示意图

的编码面积上，其最大可表示的数据量是 PDF 417 码的 10 倍以上，所以可以在普通大小的编码内包含大量的、足够识别真伪的辅助信息。

任意进制三维码生成与识别系统采用全新的三维编码和国家密码委员会认可的算法，并在相对封闭的环境中使用，其保密性能远优于所有的开放式二维码应用系统。

6.3.2 三维条码的应用

三维码可在各种需要保密及防伪等重要领域中应用，如对各种证件、文字资料、图标及照片等进行编码。解码时不但需要专用软件，而且需要用户自己设定的数据的进制，因此其他人很难破解此编码。

防伪保密技术是维护社会公共安全、保障国家和人民财产安全的重要手段，"任意进制三维码生成与识别系统"实质上就是图像、数据信息的获取和处理，可应用于产品防伪，金融票证、证券、钱币的防伪，身份证及其他证件的防伪。例如：持有使用了三维码技术的身份证进入机场安检时，将身份证在识别器上刷一下，个人的所有资料均可显示出来，既方便又快速。三维码还可以广泛应用于国家重点保密部门、银行金库以及海关，改变了过去密码验证防伪的模式，是将图像、数据库、语言、安全、密码、IC 卡结合在一起的防伪系统。

现在，三维码已经被广泛应用在 O2O 营销、身份认证、移动票据、视频发布、个人生活等多个方面，图 6 - 13 和图 6 - 14 分别为福建公安厅和加多宝应用三维码技术生成的三维码图片。

图 6 - 13 福建公安厅三维码示意图

图 6 - 14 加多宝营销三维码示意图

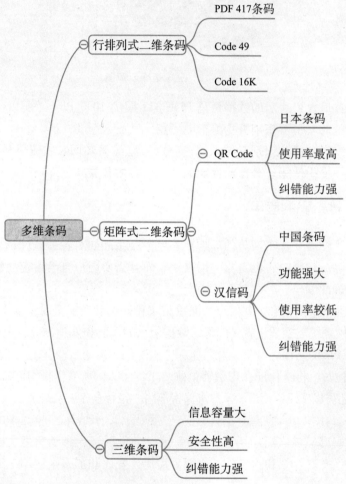

	PDF 417条码
行排列式二维条码	Code 49
	Code 16K

	日本条码
QR Code	使用率最高
	纠错能力强

多维条码 — 矩阵式二维条码

	中国条码
汉信码	功能强大
	使用率较低
	纠错能力强

	信息容量大
三维条码	安全性高
	纠错能力强

 思考题

1. 简述 QR Code 和汉信码的主要区别。
2. 简述行排列式二维码和矩阵式二维码的区别。
3. 二维码和三维码有哪些主要区别？

议一议

欧美和日本等发达国家一直是条码技术领域的领头羊，我国很多领域的条码技术应用都要依靠日本和美国的条码专利，由深圳大学光电子学研究所开发的任意进制三维码技术的问世，打破了这一格局，中国从此有了一项具有完全自主知识产权和国际领先水平的条码技术。

习近平总书记在省部级主要领导干部"学习习近平总书记重要讲话精神，迎接党的十九大"专题研讨班上指出："中国特色社会主义是改革开放以来党的全部理论和实践的主题，全党必须高举中国特色社会主义伟大旗帜，牢固树立中国特色社会主义道路自信、理论自信、制度自信、文化自信，确保党和国家事业始终沿着正确方向胜利前进。"

请以小组形式议一议：三维条码技术的成功问世和习近平总书记提出的牢固树立中国特色社会主义"四个自信"之间有何联系？

模 块 7
条码的印制和识读技术

知识目标

1. 条码的印刷方法；
2. 条码的载体类型；
3. 条码的粘贴方法；
4. 条码识读设备的分类和选型。

情感目标

1. 培养学生勤于、敢于动手的能力；
2. 培养学生积极进取、细致周到的职业素养；
3. 培养学生的应变能力、挫折承受力、自我调节能力。

重难点

1. 条码的载体类型；
2. 条码的粘贴方法；
3. 条码的识读设备选型。

导入案例

××省商品条码常见问题及原因

商品条码印刷质量直接影响商品流通过程中的识别和结算，因此，要求企业严格按照相关标准进行条码的印制。通过每年一度的市场调查数据显示，××省商品条码存在不规范使用现象，具体表现为以下几个方面：

1. 空白区尺寸不够

空白区是指条码起始符、终止符两端外侧与空的反射率相同的限定区域，是为识读设备开始数据采集或结束数据采集提供信息的。商品条码符号空白区的宽度是随着放大系数的不同而变化的，当放大系数为1.00时，EAN-13条码左右侧空白区最小宽度分别为3.63 mm和2.31mm。GB/T 12904-2008《商品条码 零售商品编码与条码表示》中空白区宽度尺寸列入强制性条款，空白区不符合国家标准要求即判定为不合格条码。有的企业在设计外包装时，由于预留面积不足，就将空白区截去，造成扫描识读困难，出现拒读现象。

2. 符号等级低于国家标准

根据GB/T 12904-2008《商品条码 零售商品编码与条码表示》的规定，条码符号等级不可低于1.5/06/670。影响符号等级偏低的因素可能来自制版、印刷载体选择以及印刷油墨控制等环节。

3. 可译码度低

可译码度是依据指定参考译码算法评定的、条码符号条空尺寸偏差测量值与最大允许偏差值接近的程度，是与国家标准所规定的译码算法有关的印刷精度的一个量度。可译码度低，表明印刷精度低，导致条码识读率降低，并有可能造成拒读、误读现象。

4. 条高截短过多

商品条码的条高是指商品条码的短条高度。为保证条码被有效识读，条高必须保证一定高度。商品条码的条高是随放大系数的不同而变化的，条高截掉尺寸原则上不应超过整个条高的1/3。个别企业产品的条码高度被截掉了一半，这种做法显然是错误的。条高的规定虽然不是强制性的，但如果截短过多，也会严重影响条码的正常识读。

导致商品条码质量出现上述问题的原因主要有：

1. 企业人员的条码知识匮乏

从××省实际情况来看，出现以上问题很大程度上和企业规模、文化以及对商品条码功能的认识有关，企业人员对《××省商品条码管理办法》、国家标准和条码基础知识等了解甚少，认识有误区。一般认为商品条码只是商品进入超市的必备条件，只要包装上印有条码就可以，不知道条码质量直接影响商品的自动结算效率。

2. 企业内部质量管理缺失

中国商品条码系统成员中多数企业内部没有设置专门的部门和人员具体管理企业的条码，当遇到条码质量问题时，找不到相关负责人，条码质量管理缺失。部分企业对条码印刷质量不够重视，没有建立印刷条码的质量保证体系，没有相应的条码检测设备，不能很好地控制出厂产品的条码质量，造成条码印刷质量不合格。一些企业为降低成本，选择到没有印刷资格的小企业印刷条码，这些小企业不能严格遵守国家标准及相关规定进行印刷，导致条码质量不过关，给企业造成一定的经济损失。

3. 超市进验货制度不健全

通过市场调查发现，部分超市在进货时未对生产企业条码证、条码质量等进行检验，进货渠道把关不严格，使得部分条码质量不合格的产品进入超市，导致商品结算时出现条码无法识读等现象，严重影响结算效率，在给超市效益造成极大影响的同时，也给消费者带来了许多不便。

通过对以上问题的分析，需要加强以下几个方面的工作来提升条码印刷质量：

1. 普及商品条码知识，定期开展条码知识培训

中国物品编码中心分支机构（以下简称分支机构）应针对系统成员、印刷企业，定期开展商品条码知识培训，普及条码基础知识、相应的国家标准、《××省商品条码管理办法》及相应法律法规等，使企业人员更多、更深入地了解条码知识，重视条码的标准化使用和印刷，督促相关企业申请注册厂商识别代码，督促商家完善相关进货手续，按规定使用商品条码，在源头上对条码质量进行把关，从根本上解决条码质量问题。

2. 加强条码质量的市场监督管理

条码管理、执法部门应加大执法力度，不定期开展市场监督抽查工作，对不符合要求的商品条码使用单位责令立即整改，对条码有问题的产品进行下架处理，或者给予适当处罚等整治措施，加强条码质量的市场监督管理，提高条码质量。

3. 生产企业应重视条码质量

企业应设置专门的部门和人员来管理商品条码，减少人员流动，做好交接、管理工作；同时建立相应的条码质量管理体系、管理办法，有条件的企业可以自己购置条码检测仪，保证出厂条码质量合格；积极组织条码相关工作人员参加分支机构举办的条码知识培训，了解、学习条码基础知识、相关的法律法规及国家标准；加强与地方分支机构的交流、沟通，有问题随时咨询，登录网站，关注分支机构的动态消息，了解实时内容，共同努力，做好条码工作。

4. 加快商品条码印刷资格认定工作

分支机构应积极鼓励具备承印商品条码条件的印刷企业进行资格认定工作。条码印刷过程中影响条码质量的因素有很多，要求印刷企业严格执行国家标准 GB/T 18348-2008《商品条码　条码符号印制质量的检验》印刷商品条码，同时鼓励企业到分支机构办理商品条码原版胶片，然后使用分支机构发放的正规胶片到那些具有条码印刷资质的印刷厂制作包材，确保条码印刷质量。

此外，超市要严格把关进货渠道，进货时应查验供货方的《系统成员证书》，严格控制进货渠道，从源头上把控商品条码质量。

商品条码质量问题严重影响商品条码的规范使用，制约条码事业的发展。××分中心将加大商品条码使用的宣传力度，广泛宣传条码印刷质量的重要性，提高企业对条码的认识，引导企业使用原版胶片到有条码印刷资质的印刷厂制作包材，从源头控制商品条码的质量，推动商品条码的规范使用。

7.1　条码符号的生成和印制

7.1.1　条码符号的生成

条码是代码的图形化表示，其生成技术涉及从代码到图形的转化技术以及相关的印制技术。条码的生成过程是条码技术应用中一个相当重要的环节，直接决定着条码的质量。

条码的生成过程如图 7-1 所示。

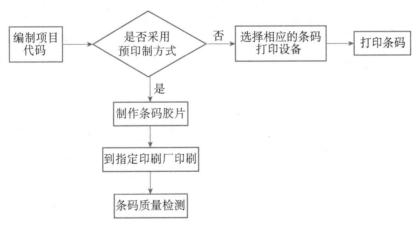

图 7-1　条码的生成过程

正确使用条码的第一步就是按照国家标准为标识项目编制一个代码。在代码确定以后，应根据具体情况来确定是采用预印制方式还是采用现场印制方式来生成条码。当印刷批量很大时，一般采用预印制方式，如果印刷批量不大或代码内容是逐一变化的，可采用现场印制的方式。在采用预印制方式时需首先制作条码胶片，然后送交指定印刷厂印刷。在印刷的各个环节都需严格按照有关标准进行检验，以确保条码的印制质量。在采用现场印制方式时，应该首先根据具体情况选用相应的打印设备，在打印设备上输入所需代码及相关参数后即可直接打印出条码。

在项目代码确定以后，如何将这个代码的数据信息转化成为图形化的条码符号呢？目前主要采用软件生成方式。一般的条码打印设备和条码胶片生成设备均安装了相应的条码生成软件。

条码是一组按一定编码规则排列的条、空符号。条码生成软件需根据条码的图形表示规则将数据化信息转化为相应的条、空信息，并且生成对应的位图。专用的条码打印机由于内置了条码生成软件，只要给打印机传递相应的命令，打印机就会自动生成条码符号。而普通的打印机则需要专门的条码软件来生成条码符号。

需要生成条码的厂商可以自行编制条码的生成软件，也可选购商业化的编码软件，以便更加迅速、准确地完成条码的图形化编辑。

（1）自行编制条码生成软件。

自行编制条码生成软件的关键在于了解条码的编码规则和技术特性。因为目前打印设备都是以点为基本打印单位，所以条码条、空的宽度设计应是点数的整数倍。条码的条、空组合方式因码制不同而不同，因此编制软件时需认真查阅相应的国家标准。

（2）选用商业化的编码软件。

选用商业化的编码软件往往是最经济快捷的方法。目前市场上有许多种商业化的编码软件，如 codesoft 和 bartender 等，这些软件功能强大，可以生成各种码制的条码符号，能够实现图形压缩、双面排版、数据加密、数据库管理、打印预览和单个/批量制卡等功能，同时，可以向应用程序提供条码生成、条码设置、识读接收、图形压缩和信息加密等二次开发接口（用户可以自己替换），还可以向高级用户提供内层加密接口等，而且价格也不高。用户可以根据具体情况来选择。

7.1.2　条码符号的印制

条码符号的印制是条码技术应用中一个相当重要的环节，也是一项专业性很强的综合性技术。它与条码符号载体、所用涂料的光学特性以及条码识读设备的光学特性和性能有着密切的联系。条码的印制主要包括预印制和现场印制两种方式。

1. 预印制

预印制（即非现场印制）是采用传统印刷设备大批量印刷制作的方法。它适用于数量大、标签格式固定、内容相同的条码的印制，如产品包装、相同产品的标签等。零售商品生产商在商品外包装上印制条码时常采用预印制方式。

采用预印制方式时，确保条码胶片的制作质量是十分重要的。胶片的制作一般由专用的制片设备来完成。中国物品编码中心及一些大的印刷设备厂均有专用的条码制片设备，可以为厂商提供高质量的条码胶片。

目前，制作条码原版胶片的主流设备分为矢量激光设备和点阵激光设备两类。矢量激光设备在给胶片曝光时采取矢量移动方式，条的边缘可以保证平直。点阵激光设备在给胶片曝光时采取点阵行扫描方式，点的排列密度与分辨率和精确度密切相关。由此可知，在制作条码原版胶片时，矢量激光设备比点阵激光设备更具有优越性。

在胶片制作完成以后，应送交指定印刷厂印刷。印刷时需严格按照原版胶片制版，不能放大或缩小，也不能任意截短条高。

2. 现场印制

现场印制是由计算机控制打印机来实时打印条码标签的印制方式。这种方式打印灵活，实时性强，可适用于多品种、小批量、个性化的、需现场实时印制的场合，如仓库中为托盘、周转箱以及货位印制条码时采用现场印制方式，超市打印店内码时采用的也是现场印制方式。

现场印制方法一般采用通用打印机和专用条码打印机来印制条码符号。

常用的通用打印机有点阵打印机、激光打印机和喷墨打印机。这几种打印机可在计算机条码生成程序的控制下方便灵活地印制出小批量的或条码号连续的条码标识。其优点是设备成本低，打印的幅面较大，用户可以利用现有设备。但因为通用打印机不是为打印条码标签专门设计的，因此使用不太方便，实时性较差。

专用条码打印机有热敏、热转印、热升华式打印机，因其用途的单一性，设计结构简单、体积小、制码功能强，在条码技术各个应用领域普遍使用。其优点是打印质量好，打印速度快，打印方式灵活，使用方便，实时性强。

3. 条码印制的注意事项

条码印制质量关乎后期流通过程中的识别效率和准确率，因此要注意避免以下问题：

（1）条码符号表面有污垢、皱褶、残损、穿孔；

（2）条码符号有明显脱墨、污点、断线，条的边缘不整齐、明显弯曲变形；

（3）条码字符的墨色不均匀，有明显差异；

（4）空白区宽度不够，条与空的颜色搭配不对（可参考表 7-1 的颜色搭配）；

（5）条的颜色印得太浅，如水大、墨量小、压力小以及有杂物等；

（6）印制条码位置的背景色太深，如水干、墨量大、压力重等。

表 7-1　　　　　　　　　　　　条码符号中条与空颜色搭配参考表

序号	空色	条色	能否采用	序号	空色	条色	能否采用
1	白色	黑色	√	17	红色	深棕色	√
2	白色	蓝色	√	18	黄色	黑色	√
3	白色	绿色	√	19	黄色	蓝色	√
4	白色	深棕色	√	20	黄色	绿色	√
5	白色	黄色	×	21	黄色	深棕色	√
6	白色	橙色	×	22	亮绿	红色	×
7	白色	红色	×	23	亮绿	黑色	×
8	白色	浅棕色	×	24	暗绿	黑色	×
9	白色	金色	×	25	暗绿	蓝色	×
10	橙色	黑色	√	26	蓝色	红色	×
11	橙色	蓝色	√	27	蓝色	黑色	×
12	橙色	绿色	√	28	金色	黑色	×
13	橙色	深棕色	√	29	金色	橙色	×
14	红色	黑色	√	30	金色	红色	×
15	红色	蓝色	√	31	深棕色	黑色	×
16	红色	绿色	√	32	浅棕色	红色	×

注："√"表示能采用；"×"表示不能采用。

7.2　条码符号载体

7.2.1　条码符号载体概述

通常把用于直接印制条码符号的物体叫符号载体。常见的符号载体有普通白纸、瓦楞纸、铜版纸、不干胶签纸、纸板、木制品、布带（缎带）、塑料制品和金属制品等。由于条码印刷品的光学特性及尺寸精度直接影响扫描识读，因而制作应严格控制。

首先，应注意材料的反射特性和映性。光滑或镜面式的表面会产生镜面反射，一般避免使用产生镜面反射的载体。对于透明或半透明的载体要考虑透射对反射率的影响，同时应特别注意个别纸张漏光对反射率的影响。

其次，从保持印刷品尺寸精度方面考虑，应选用耐气候变化、受力后尺寸稳定、着色牢度好、油墨扩散适中、渗洇性小、平滑度和光洁度好的材料。例如，载体为纸张时，可选用铜版纸、胶版纸或白板纸。塑料方面可选用双向拉伸丙烯膜或符合要求的其他塑料膜。对于常用的聚乙烯膜，由于它没有极性基团，着色力差，选用时应进行表面处理，保证条码符号的印刷牢度，同时也要注意它的塑性形变问题。一定不要将塑料编织带作为印刷载体。对于透明的塑料，印刷时应先印底色。对于大包装用的瓦楞纸板的印刷，由于瓦楞的原因，表面不够光滑，纸张吸收油墨的渗洇性不一样，印刷时出现偏差的可能性更大，常采用预印后粘贴的方法。金属材料方面，可选用马口铁、铝箔等。

7.2.2 特殊条码符号载体

1. 金属条码

金属条码标签是利用精致激光打标机在经过特殊工序处理的金属铭牌上刻印一维或二维条码的高新技术产品，如图 7-2 所示。

一维条码雕刻样品　　　　　　　　　二维条码雕刻样品

图 7-2　一维条码和二维条码雕刻样品

金属条码生成方式主要是激光蚀刻。激光蚀刻技术比传统的化学蚀刻技术工艺简单，可大幅度降低生产成本，可加工 $0.125\sim1\mu m$ 宽的线，其划线细、精度高（线宽为 $15\sim25\mu m$，槽深为 $5\sim200\mu m$），加工速度快（可达 200mm/s），成品率可达 99.5% 以上。

金属条码标签薄、韧性和机械性能强度高，不易变形，可在户外恶劣环境中长期使用，耐风雨，耐高低温，耐酸碱盐腐蚀。用激光枪可远距离识读，与通用码制兼容且不受电磁干扰。

金属条码适用于：

（1）企业固定资产的管理，包括餐饮厨具、大件物品等的管理。

（2）仓储、货架：固定式内建实体的管理。

（3）仪器、仪表、电表厂：固定式外露实体的管理。

（4）化工厂：污染及恶劣环境下标的物的管理。

（5）钢铁厂：钢铁物品的管理。

（6）汽车、机械制造业：外露移动式标的物的管理。

（7）火车、轮船：可移动式外露实体的管理。

金属条码的附着方式主要有以下三种：

（1）各种背胶：黏附在物体上。

（2）嵌入方式：如嵌入墙壁、柱子、地表等。

（3）穿孔吊牌方式。

金属包装的商品也需要印制条码，其外形以听、罐、盒为主，用于饮料、食品和生物制品的包装，其条码印刷时需要考虑以下几个问题：

（1）当金属条码印刷载体为铁时，主要采用的是平版印刷方式。在使用平版印刷方式进行条码印刷时，由于金属对油墨的吸附能力不足常导致印刷的条码图案变形的问题。印刷时可选择 UV 等优质油墨，采取紫外固化工艺，光照瞬间固化印刷的图案，从而避免在金属物上印刷的商品条码图案发生变形。

（2）金属包装的商品印刷载体为铝时，主要容易出现以下三个问题：一是铝质载体采用的印刷方式是曲面印刷，铝片先成型套在芯轴内，滚动一圈成印，要求设计中商品条码条的方向和滚动的方向一致；二是曲面印刷中网点叠加形成的图案准确性不高，印刷图案的质量不好控制，要求现场操作中及时观察和调整；三是印刷油墨是烘干的，从完成印刷到图案定型需要一定的时间，要求油墨质量能保证印刷的图案在一定时间内不变形。

2. 陶瓷条码

陶瓷条码耐高温、耐腐蚀、不易磨损，适用于长期重复使用、环境比较恶劣、腐蚀性强或需要经受高温烧烤的设备、物品。永久性陶瓷条码标签解决了气瓶身份标志不能自动识别及容易磨损的行业难题。通过固定在液化石油气钢瓶护罩或无缝气瓶颈圈处（见图7-3），为每个流动的气瓶安装固定的陶瓷条码"电子身份证"，实行一瓶一码，使用"便携式防爆型条码数据采集器"对气瓶进行现场跟踪管理，这样所有操作都具有可追溯性。

图7-3　液化气瓶上的陶瓷条码

3. 隐形条码

隐形条码（见图 7-4）能达到既不破坏包装装潢的整体效果，也不影响条码特性的目的。同时隐形条码隐形以后，一般制假者难以仿制，其防伪效果很好，并且在印刷时不存在套色问题。

图 7-4 特殊光环境下可见的隐形条码

隐形条码主要有以下几种形式：

（1）覆盖式隐形条码。这种隐形条码的原理是在条码印制以后，用特定的膜或涂层将其覆盖。这样处理以后的条码人眼很难识别。覆盖式隐形条码防伪效果良好，但其装潢效果不理想。

（2）光化学处理的隐形条码。用光学的方法对普通的可视条码进行处理。这样处理以后人眼很难发现痕迹，用普通波长的光和非特定光都不能对其识读。这种隐形条码是完全隐形的，装潢效果也很好，还可以设计成双重的防伪包装。

（3）隐形油墨印制的隐形条码。这种条码可以分为无色功能油墨印刷条码和有色功能油墨印刷条码。无色功能油墨印刷条码一般是用荧光油墨、热致变色油墨、磷光油墨等特种油墨来印刷的条码，这种隐形条码在印刷中必须用特定的光照，在条码识别时必须用相应的敏感光源。有色功能油墨印刷条码一般是用变色油墨来印刷的。采用隐形油墨印制的隐形条码，其工艺和一般印刷一样，但其抗老化的问题有待解决。

（4）纸质隐形条码。这种隐形条码的隐形介质与纸张通过特殊光化学处理后融为一体，不能剥开，仅供一次性使用，人眼不能识别，也不能用可见光照相、复印仿制，只能用发射出一定波长的扫描器识读条码内的信息。同时这种扫描器对通用的黑白条码也兼容。

（5）金属隐形条码。金属条码的条是由金属箔经电镀后产生的，一般在条码的表面再覆盖一层聚酯薄膜。这种条码要用专用的金属条码阅读器识读，靠电磁波进行识读，条码的识读取决于识读器和条码的距离。其优点是表面不怕污渍，抗老化能力较强，表面的聚酯薄膜在户外使用时适应能力强。金属条码可以制作成隐形码，在其表面采用不透光的保护膜，使人眼不能分辨出条码的存在，从而制成覆盖式的金属隐形条码。

4. 银色条码

在铝箔表面利用机械方法有选择地打毛，形成凹凸表面，制成的条码称为"银色条码"。如果金属类印刷载体用铝本色做条单元的颜色，用白色涂料做空单元的颜色，这种方式虽然做起来经济、方便，但由于铝本色颜色比较浅，又有金属的反光特性（即镜面反射作用），当其大部分反射光的角度与仪器接收光路的角度接近或一致时，仪器从条单元上就会接收到比较强烈的反射信号，导致条、空单元的符号反差偏小而使识读发生困难。因此需要对铝箔表面进行处理，使条与空分别形成镜面反射和漫反射，从而产生反射率的差异，如图7-5所示。

图7-5 银色条码载体

5. 塑料载体条码

塑料载体广泛用于各行各业，设计时需考虑塑料张力。塑料载体对印刷设计要求高，因为塑料在印刷过程中受到张力影响较大，这就需要在设计中让条码中条的方向和印刷钢管转动方向保持一致，减少印刷中张力对塑料变形的影响。塑料对制版要求也非常高，制版的表面光洁度直接影响塑料上面印刷的商品条码质量。图7-6为可悬吊塑料载体条码。

图7-6 可悬吊塑料载体条码

塑料材质对油墨的吸附性不高，经过臭氧处理后的塑料表面电晕值直接影响油墨效果，不同塑料材料的电晕值也不同，这就要求塑料材料针对油墨的不同，加工到合适的电晕值来保证商品条码和其他颜色图案在塑料表面的吸附光泽和色彩饱和度。

7.3 条码印刷和粘贴位置

7.3.1 零售商品条码印刷位置

通常，条码符号只要在印刷尺寸和光学特性方面符合标准的规定就能够被可靠识读。但是，如果将通用商品条码符号印刷在食品、饮料和日用杂货等商品的包装上，我们便会发现，条码符号的识读效果在很多情况下受印刷位置的影响。因此，选择适当的位置印刷条码符号，对于迅速可靠地识读商品包装上的条码符号、提高商品管理和销售扫描结算效率非常重要。

1. 执行标准

商品条码符号位置可参阅国家标准 GB/T 14257-2002。这一国家标准确立了商品条码符号位置的选择原则，还给出了商品条码符号放置的指南，适用于商品条码符号位置的设计。

2. 条码符号位置选择原则

（1）基本原则。

条码符号位置的选择应以符号位置相对统一、符号不易变形及便于扫描操作和识读为准则。

（2）首选位置。

商品包装正面是指商品包装上主要明示商标和商品名称的一个外表面。与商品包装正面相背的商品包装的一个外表面定义为商品包装背面。首选的条码符号位置宜在商品包装背面的右侧下半区域内。

（3）其他的选择。

如果商品包装背面不适宜放置条码符号，则可选择商品包装另一个适合的面的右侧下半区域放置条码符号。但是对于体积大或笨重的商品，条码符号不应放置在商品包装的底部。

（4）边缘原则。

条码符号与商品包装邻近边缘的间距不应小于 8mm 或大于 102mm。

（5）方向原则。

1）通则。

商品包装上条码符号宜横向放置，如图 7-7（a）所示。横向放置时，条码符号供人识别的字符应为从左至右阅读。在印刷方向不能保证印刷质量或者商品包装表面曲率及面积不允许的情况下，应该将条码符号纵向放置，如图 7-7（b）所示。纵向放置时，条码符号供人识别字符的方向宜与条码符号周围的其他图文相协调。

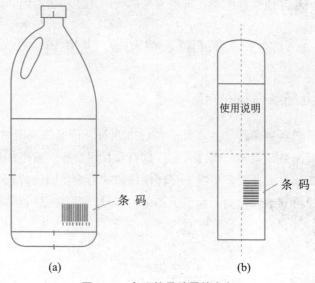

图 7-7　条码符号放置的方向

2）曲面上的条码符号方向。

在商品包装的曲面上将条码符号的条平行于曲面的母线放置条码符号时，条码符号表面曲度 θ 应不大于 30°，如图 7-8 所示。可使用的条码符号放大系数最大值与曲面直径有关。若条码符号表面曲度大于 30°，应将条码符号的条垂直于曲面的母线放置，如图 7-9 所示。

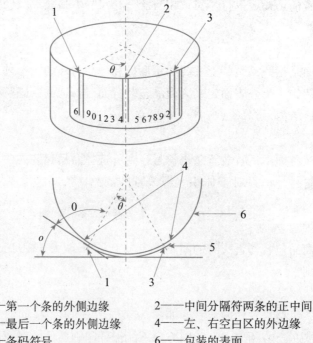

1——第一个条的外侧边缘　　　　2——中间分隔符两条的正中间
3——最后一个条的外侧边缘　　　4——左、右空白区的外边缘
5——条码符号　　　　　　　　　 6——包装的表面
θ——条码符号表面曲度

图 7-8　条码符号表面曲度示意图

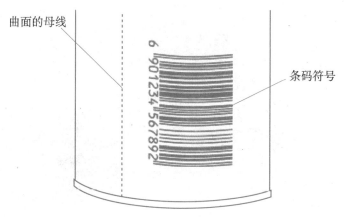

图 7-9　条码符号的条与曲面的母线垂直

3. 避免选择的位置

（1）不应把条码符号放置在有穿孔、冲切口、开口、装订钉、拉丝拉条、接缝、折叠、折边、交叠、波纹、隆起、褶皱、其他图文和纹理粗糙的地方。

（2）不应把条码符号放置在转角处或表面曲率过大的地方。

（3）不应把条码符号放置在包装的折边或悬垂物下边。

4. 无包装商品条码位置选择

对一些无包装的商品，商品条码符号可以印在挂签上，见图 7-10。如果商品有较平整的表面且允许粘贴或缝上标签，条码符号可以印在标签上，见图 7-11。

图 7-10　条码符号挂签示例

图 7-11　条码符号印签示例

7.3.2　包装箱条码印刷位置

每个完整的非零售商品包装上至少应有一个条码符号，该条码符号到任何一个直立边的间距应不小于 50mm。物流过程中的包装上最好使用两个条码符号，分别放置在相邻的两个面上（即边缘线较短的面和边缘线较长的面）的右侧，这样在物流仓储时可以保证包装转动时，总能看到其中的一个条码符号。

1. 条码放置的一般要求

（1）符号位置。

可以把表示同一商品代码的条码符号放置在储运包装商品箱式外包装的所有四个直立面上，也可以放置在相邻两个直立面上。如果仅能放置一个条码符号，则应根据配送、批发、存储等的约束条件和需求选择放置面，以保证在存储、配送及批发过程中条码符号便于识读。

（2）符号方向。

条码符号应横向放置，使条码符号的条垂直于所在直立面的下边缘。

（3）边缘间距。

条码符号下边缘到所在直立面下边缘的距离不小于 32mm（推荐值为 32mm），条码符号的第一个和最后一个条的外边缘距印制面垂直边的最小距离为 34mm，条码符号到包装垂直边的距离不小于 19mm，如图 7-12 所示。

（4）附加的条码符号。

商品项目已经放置了表示商品代码的条码符号，还需放置表示商品附加信息（如贸易量、批号、保质期等）的附加条码符号时，放置的附加符号不应遮挡已有的条码符号。附加符号的首选位置在已有条码符号的右侧，并与已有的条码符号保持一致的水平位置。应保证已有的条码符号和附加条码符号都有足够的空白区。

如果表示商品代码的条码符号和附加条码符号的数据内容都能用 UCC/EAN-128 条码

符号来标识，则宜把两部分数据内容连接起来，做成一个条码符号。

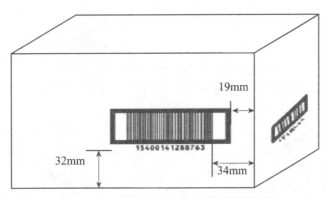

图 7-12　储运包装箱上条码符号的放置

2. 比较浅的盒或箱的条码放置位置要求

（1）高度小于 50mm、大于等于 32mm 的盒或箱。

当包装盒或包装箱的高度小于 50mm，但大于或等于 32mm 时，供人识别字符可以放置在条码符号的左侧，并保证符号有足够宽的空白区。条码符号（包括空白区）到单元直立边的间距应不小于 19mm。示例见图 7-13。有时在变量单元上使用主符号和附加符号两个条码符号。如果必须把条码符号下面的供人识别字符移动位置，则主符号的供人识别字符应放在主符号的左侧；附加符号的供人识别字符应放在附加符号的右侧。

（2）高度小于 32mm 的盒或箱。

当包装盒或包装箱的高度小于 32mm 时，可以把条码符号放在包装的顶部，并使符号的条垂直于包装顶部面的短边。条码符号到邻近边的间距应不小于 19mm，示例见图 7-13。

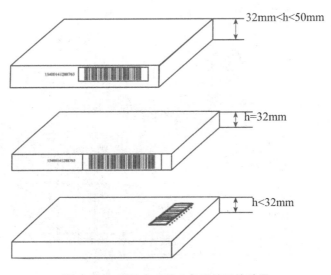

图 7-13　浅的盒或箱上条码符号的放置

7.3.3 物流单元条码粘贴位置

每个完整的物流单元上至少应有一个印有条码符号的物流标签。物流标签宜放置在物流单元的直立面上。推荐在一个物流单元上使用两个相同的物流标签，并放置在相邻的两个面上，短的面右边和长的面右边各放一个，如图7-14所示。

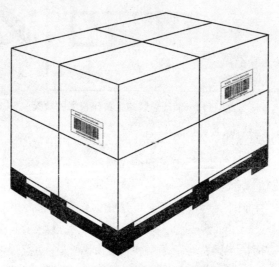

图7-14　物流单元上条码符号的放置

条码符号应横向放置，使条码符号的条垂直于所在直立面的下边缘。

条码符号的下边缘宜处在单元底部以上400～800mm的高度范围内，对于高度小于400mm的托盘包装，条码符号宜放置在单元底部以上尽可能高的位置；条码符号（包括空白区）到单元直立边的间距应不小于50mm。在托盘包装上放置条码符号的示例如图7-15所示。

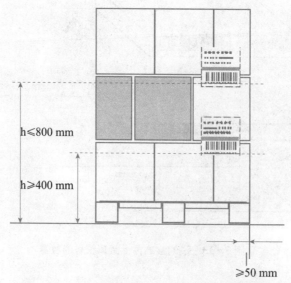

图7-15　托盘包装上条码符号的放置

7.4　条码识读技术

7.4.1　条码识读原理

条码识读的基本工作原理:由光源发出的光线经过光学系统照射到条码符号上面,被反射回来的光经过光学系统成像在光电转换器上,使之产生电信号。信号经过电路放大后产生一模拟电压,它与照射到条码符号上被反射回来的光成正比,再经过滤波和波形整形,形成与模拟信号对应的方波信号,经译码器解释为计算机可以直接接受的数字信号。

条码符号是图形化的编码符号。对条码符号的识读要借助一定的专用设备,将条码符号中含有的编码信息转换成计算机可识别的数字信息。

从系统结构和功能上讲,条码识读系统由扫描系统、信号整形、译码三部分组成,如图 7-16 所示。

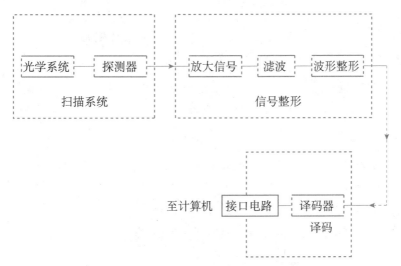

图 7-16　条码识读系统组成

扫描系统:由光学系统及探测器即光电转换器件组成。它完成对条码符号的光学扫描,并通过光电探测器,将条码条空图案的光信号转换成为电信号。

信号整形部分:由放大信号、滤波和波形整形组成。它的功能在于将条码的光电扫描信号处理成为标准电位的矩形波信号,其高低电平的宽度和条码符号的条空尺寸相对应。

译码部分:一般由嵌入式微处理器组成。它的功能就是对条码的矩形波信号进行译码,其结果通过接口电路输出到条码应用系统中的数据终端。

条码符号的识读涉及光学、电子学和微处理器等多种技术。要完成正确识读,必须满足以下几个条件:

(1)建立一个光学系统并产生一个光点,使该光点在人工或自动控制下能沿某一轨迹做直线运动且通过一个条码符号的左侧空白区、起始符、数据符、终止符及右侧空白区，如图 7-17（a）所示。

（2）建立一个反射光接收系统，使它能够接收到光点从条码符号上反射回来的光。同时要求接受系统的探测器的敏感面尽量与光点经过光学系统成像的尺寸相吻合，如图 7-17（b）所示。

（3）光电转换器将接收到的光信号不失真地转换成电信号，如图 7-17（c）所示。

（4）电子电路将电信号放大、滤波、整形，并转换成电脉冲信号，如图 7-17（d）所示。

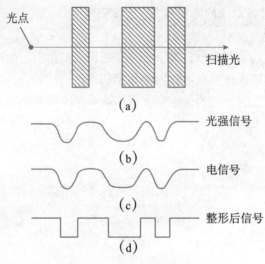

图 7-17 条码的扫描信号

（5）建立某种译码算法，将所获得的电脉冲信号进行分析和处理，从而得到条码符号所表示的信息。

（6）将所得到的信息转储到指定的地方。

上述的前四步一般由扫描器完成，后两步一般由译码器完成。

7.4.2 条码识读参数

1. 首读率、误码率、拒识率

首读率（First Read Rate）是指首次读出条码符号的数量与识读条码符号总数量的比值。

误码率（Misread Rate）是指错误识别次数与识别总次数的比值。

拒识率（Non-read Rate）是指不能识别的条码符号数量与条码符号总数量的比值。

不同的条码应用系统对以上指标的要求不同。一般要求首读率在 85% 以上，拒识率低于 1%，误码率低于 0.01%。但对于一些重要场合，要求首读率为 100%，误码率为 0.000 1%。

需要指出的是，首读率与误码率这两个指标在同一识读设备中存在着矛盾统一，当条码符号的质量确定时，要降低误码率，需加强译码算法，尽可能排除可疑字符，必然导致首读率的降低。当系统的性能达到一定程度后，要想在进一步提高首读率的同时降低误码率是不可能的，但可以降低一个指标而使另一个指标达到更高的要求。在一个应用系统中，首次读出和拒识的情况显而易见，但误识情况往往不易察觉。

2. 扫描器的分辨率

扫描器的分辨率是指扫描器在识读条码符号时能够分辨出的条、空宽度的最小值。它与扫描器的扫描光点（扫描系统的光信号的采集点）尺寸有着密切的关系。扫描光点尺寸的大小是由扫描器光学系统的聚焦能力决定的，聚焦能力越强，所形成的光点尺寸越小，则扫描器的分辨率越高。

调节扫描光点的大小有两种方法：一种是采用一定尺寸的探测器接收光栏；另一种是控制实际扫描光点的大小。

对于普通扫描光源的扫描系统，由于照明光斑一般很大，主要采用探测器接收光栏来调节扫描光点的大小，如图7-18（a）所示。

对于激光扫描，通过调节激光光束可以直接调节扫描光点，如图7-18（b）所示。这时在探测器的采集区中，激光的光信号占主流，所以激光的扫描光点就标志了扫描系统的分辨率。

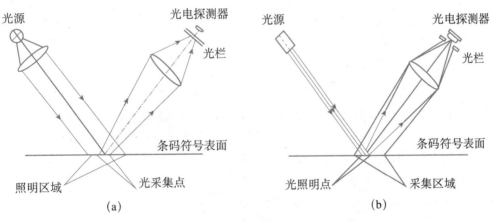

图7-18 扫描器的光点

条码扫描器的分辨率并不是越高越好，在能够保证识读的情况下，不需要把分辨率做得太高。若过分强调分辨率，一是会提高设备的成本，二是会提高扫描器对印刷缺陷的敏感程度，则条码符号上微小的污点、脱墨等对扫描信号都会产生严重的影响。

当扫描光点做得很小时，扫描对印刷缺陷的敏感度很高，会造成识读困难，如图7-19（a）所示。如果扫描光点做得太大，扫描信号就不能反映出条与空的变化，同样造成识读困难，如图7-19（b）所示。较为优化的一种选择是：光点直径（椭圆形的光点是指短轴尺寸）为最窄单元宽度值的0.8～1.0倍，如图7-19（c）所示。

为了在不牺牲分辨率的情况下降低印刷缺陷对识读效果的影响，通常把光点设计成椭

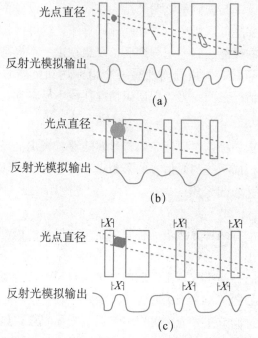

光点直径

反射光模拟输出

(a)

光点直径

反射光模拟输出

(b)

光点直径

反射光模拟输出

(c)

图 7 - 19　扫描系统的分辨率与扫描信号的关系

圆形或矩形，但必须使其长轴方向与条码符号的条高的方向平行，否则会降低分辨率，无法进行正常工作，所以它适于扫描器的安装及扫描方向都固定的场合，而无法确定光点方向的扫描器（如光笔）则不能采用这一方法。

3. 工作距离和工作景深

根据扫描器与被扫描的条码符号的相对位置，扫描器可分为接触式和非接触式两种。所谓接触式即扫描时扫描器直接接触被扫描的条码符号。非接触式即扫描时扫描器与被扫描的条码符号之间可保持一定距离范围。这一距离范围就叫作扫描景深，通常用 DOF 表示。

扫描景深是非接触式的条码扫描器的一个重要参数。在一定程度上，扫描识读距离的范围和条码符号的最窄元素宽度 X 以及条码其他的质量参数有关。X 值大，条码印刷的误差小，条码符号条空反差大，该范围相应的会大一些。

激光扫描器扫描工作距离一般为 8～30 英寸（20.32～76.2cm），有些特殊的手持激光扫描器识读距离能够达到数英尺。CCD 扫描器的扫描景深一般为 1～2 英寸（2.54～5.08cm）。目前新型的 CCD 扫描器，其识读距离能扩展到 7 英寸（17.78cm）。

4. 扫描频率

扫描频率是指条码扫描器进行多重扫描时每秒的扫描次数。选择扫描器扫描频率时应充分考虑到扫描图案的复杂程度及被识别的条码符号的运动速度。不同的应用场合对扫描频率的要求不同。单向激光扫描的扫描频率一般为 40 线/s；POS 系统用台式激光扫描器（全向扫描）的扫描频率一般为 200 线/s；工业型激光扫描器的扫描频率可达1 000 线/s。

5. 抗镜向反射能力

条码扫描器在扫描条码符号时,其探测器接收到的反射光是漫反射光,而不是直接的镜向反射光,这样能保证正确识读。在设计扫描器的光学系统时已充分考虑了这一问题。但在某些场合,会出现直接反射光进入探测器而影响正常识读的情况。例如,在条码符号表面加一层覆膜或涂层,会给识读增加难度。因为当光束照射条码符号时,覆膜的镜向反射光要比条码符号的漫反射光强得多。如果较强的直接反射光进入接收系统,必然影响正确识读。所以在设计光路系统时应尽量使镜向光远离接收光路。

对于用户来说,在选择条码扫描器时应注意其光路设计是否考虑了镜向反射问题,最好选择那些有较强抗镜向反射能力的扫描器。

6. 抗污染、抗褶皱能力

在一些应用环境中,条码符号容易被水迹、手印、油污、血渍等弄脏,也可能因某种原因被弄皱,使得表面不平整,致使在扫描过程中信号变形。这一情况应在信号整形过程中给予充分考虑。

7.4.3 条码识读设备分类

条码识读设备由条码扫描和译码两部分组成。现在绝大部分的条码识读器都将扫描器和译码器集成为一体。人们根据不同的用途和需要设计了各种类型的扫描器。下面按条码识读器的扫描方式、操作方式、识读码制能力和扫描方向对各类条码识读器进行分类。

1. 按扫描方式分类

条码识读设备按扫描方式可分为接触式识读设备和非接触式条码识读设备。接触式识读设备包括光笔与卡槽式条码扫描器。非接触式识读设备包括 CCD 扫描器与激光扫描器。

2. 按操作方式分类

条码识读设备按操作方式可分为手持式条码扫描器和固定式条码扫描器。

手持式条码扫描器应用于许多领域,特别适用于条码尺寸多样、识读场合复杂、条码形状不规整的应用场合。这类扫描器主要有光笔、激光枪、手持式全向扫描器、手持式 CCD 扫描器和手持式图像扫描器。

固定式条码扫描器扫描识读时不用人手把持,适用于省力、人手劳动强度大(如超市的扫描结算台)或无人操作的自动识别应用场合。固定式条码扫描器有卡槽式扫描器、固定式单线扫描器、单方向多线式(栅栏式)扫描器、固定式全向扫描器和固定式 CCD 扫描器。

3. 按识读码制的能力分类

条码扫描设备从原理上可分为光笔、CCD、激光和拍摄四类条码扫描器。光笔与卡槽式条码扫描器只能识读一维条码。激光条码扫描器只能识读行排式二维码(如 PDF 417 条码)和一维码。图像式条码识读器可以识读常用的一维条码,还能识读行排式和矩阵式的二维条码。

4. 按扫描方向分类

条码扫描设备按扫描方向可分为单向和全向条码扫描器。其中全向条码扫描器又分为平台式和悬挂式。

　　悬挂式全向扫描器是从平台式全向扫描器发展而来的，如图 7 - 20 所示。这种扫描器也适用于商业 POS 系统以及文件识读系统。识读时可以手持，也可以放在桌子上或挂在墙上，使用更加灵活方便。

图 7 - 20　悬挂式全向扫描器

7.4.4　条码识读设备介绍

1. 激光枪

　　激光枪属于手持式自动扫描的激光扫描器。激光扫描器是一种远距离条码识读设备，其性能优越，因而被广泛应用。激光扫描器的扫描方式有单线扫描、光栅式扫描和全角度扫描三种方式。激光手持式扫描器属单线扫描，其景深较大，扫描首读率和精度较高，扫描宽度不受设备开口宽度限制。卧式激光扫描器为全角度扫描器，其操作方便，操作者可双手对物品进行操作，只要条码符号面向扫描器，不管其方向如何，均能实现自动扫描，超级市场大都采用这种设备。

　　激光扫描技术的基本原理是先由机具产生一束激光（通常是由半导体激光二极管产生），再由转镜将固定方向的激光束形成激光扫描线（类似电视机的电子枪扫描），激光扫描线扫描到条码上再反射回机具，由机具内部的光敏器件转换成电信号。其原理如图 7 - 21 所示。

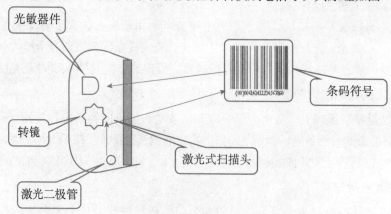

图 7 - 21　激光扫描原理

激光式扫描头的工作流程如图 7 - 22 所示。

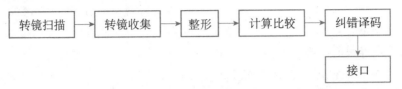

图 7 - 22　激光式扫描头的工作流程

利用激光扫描技术的优点是识读距离适应能力强，具有穿透保护膜识读的能力，识读的精度和速度比较容易做得高些。其缺点是对识读的角度要求比较严格，而且只能识读堆叠式二维码（如 PDF 417 条码）和一维码。

激光枪的扫描动作通过转动或振动多边形棱镜等光装置实现。这种扫描器的外形结构类似于手枪，如图 7 - 23 所示。手持激光扫描器与激光扫描平台相比，具有方便灵活、不受场地限制的特点，适用于扫描体积较小、首读率不是很高的物品。除此之外，它还具有接口灵活、应用广泛的特点。手持激光扫描器是新一代的商用激光条码扫描器。扫描线清晰可见，扫描速度快，一般扫描频率大约每秒 40 次，有的可达到每秒 44 次。有些手持激光扫描器还可选具有自动感应功能的智能支架，可灵活应用于各种环境。

图 7 - 23　手持激光扫描器

2. 光笔与卡槽式扫描器

光笔和大多数卡槽式条码阅读器都采用手动扫描的方式。手动扫描比较简单，扫描器内部不带有扫描装置，发射的照明光束的位置相对于扫描器固定，完成扫描过程需要手持扫描器扫过条码符号。这种扫描器就属于固定光束扫描器。

光笔属于接触式固定光束扫描器，如图 7 - 24 所示。在其笔尖附近有发光二极管作为

图 7 - 24　光笔扫描

照明光源，并有光电探测器。在选择光笔时，要根据应用中的条码符号正确选择光笔的孔径（分辨率）。分辨率高的光笔的光点尺寸能达到 4 密耳（0.1mm），6 密耳属于高分辨率，10 密耳属于低分辨率。一般光笔的光点尺寸在 0.2mm 左右。

选择光笔分辨率时，有一个经验的计算方法：条码最小单元尺寸 X 的密耳数乘以 0.7，然后进位取整，该密耳数就是使用的光笔孔径的大小。例如，$X=10$ 密耳，那么就应该选择孔径在 7 个密耳左右的光笔。

光笔的耗电量非常低，因此它比较适用于和电池驱动的手持数据采集终端相连。

光笔的光源有红光和红外光两种。红外光笔擅长识读被油污弄脏的条码符号。光笔的笔尖容易磨损，一般用蓝宝石笔头，不过，光笔的笔头可以更换。

随着条码技术的发展，光笔已逐渐被其他类型的扫描器所取代。现在已研制出一种蓝牙光笔扫描器，支持更多条码类型，改进了扫描操作，还可以用作触摸屏的触笔，如图 7-25 所示。蓝牙光笔扫描器采用人性化设计，配备蜂鸣器，电池可提供 5 000 次以上扫描，适用于在平面上扫描所有应用程序，成为新一代接触式扫描器。还有一种蓝牙无线扫描器，适用于大量高速扫描场合，可以在非常暗淡或明亮的环境，在反光或弯曲的表面，或透过玻璃进行扫描，甚至可以扫描损坏的、制作粗糙的条码。

图 7-25　蓝牙光笔扫描器

卡槽式扫描器属于固定光束扫描器，内部结构和光笔类似。它上面有一个槽，手持带有条码符号的卡从槽中滑过实现扫描。这种识读设备广泛应用于时间管理及考勤系统。它经常与带有液晶显示和数字键盘的终端集成为一体。

3. 全向扫描平台

全向扫描平台属于全向激光扫描器，如图 7-26 所示。全向扫描指的是标准尺寸的商品

图 7-26　全向扫描平台

条码以任何方向通过扫描器的区域都会被扫描器的某个或某两个扫描线扫过整个条码符号。

全向扫描器一般用于商业超市的收款台。它一般有 3~5 个扫描方向，扫描线数一般为 20 条左右。这方面的具体指标取决于扫描器的具体设计。它可以安装在柜台下面，也可以安装在柜台侧面。

这类设备的高端产品为全息式激光扫描器，它用高速旋转的全息盘代替了棱镜状多边转镜扫描。有的扫描线能达到 100 条，扫描的对焦面达到 5 个，每个对焦面含有 20 条扫描线，扫描速度可以高达 8 000 线/s，特别适用于在传送带上识读不同距离、不同方向的条码符号。这种类型的扫描器对传送带的最大速度要求为 0.5m/s~4m/s。

4. 图像式条码扫描器

图像式条码扫描器（见图 7－27）采用面阵 CCD 摄像方式将条码图像摄取后进行分析和解码，可识读一维条码和二维条码。目前国际上对条码图形的采集方式主要有两种，即光学成像方式和激光方式。从长远发展的角度看，图像方式在条码采集中的应用将是主要的趋势。

图 7－27 图像式条码扫描器

选择图像式条码扫描器要注意两个参数：

第一，景深。由于 CCD 的成像原理类似于照相机，如果要加大景深，相应的要加大透镜，从而会使 CCD 体积过大，不便操作。优秀的 CCD 应无须紧贴条码即可识读，而且体积适中，操作舒适。

第二，分辨率。如果要提高 CCD 的分辨率，必须增加成像处光敏元件的单位元素。低档 CCD 一般是 512 像素，识读 EAN、UPC 等商品条码已经足够，但对于其他的码制识读就会困难一些。中档 CCD 以 1 024 像素为多，有些能达到 2 048 像素，能分辨最窄单位元素为 0.1mm 的条码。

 哪些原因可能导致条码扫描器无法读取条码信息？无法读取时应该怎么办？

7.4.5 条码识读设备选型

不同的应用场合对识读设备有不同的要求，选择识读设备时必须综合考虑，以达到最佳的应用效果。在选择识读设备时，应考虑下述几个方面。

1. 与条码符号相匹配

条码扫描器的识读对象是条码符号，所以在条码符号的密度、尺寸等已确定的应用系统中，必须考虑扫描器与条码符号的匹配问题。例如，对于高密度条码符号，必须选择高分辨率的扫描器。当条码符号的长度尺寸较大时，必须考虑扫描器的最大扫描尺寸。当条码符号的高度与长度尺寸比值小时，最好不选用光笔，以避免造成人工扫描的困难。如果条码符号是彩色的，一定要考虑扫描器的光源，最好选用波长为 633nm 的红光，否则可能造成对比度不足而给识读带来困难。

2. 首读率

首读率是条码应用系统的一个综合指标。要提高首读率，除了要提高条码符号的质量外，还要考虑扫描设备的扫描方式等因素。在手动操作时，首读率并非特别重要，因为重复扫描会补偿首读率低的缺点。但对于一些无人操作的应用环境，则要求首读率为 100%，否则会出现数据丢失等现象。因此最好选择移动光束式扫描器，以便在短时间内有几次扫描机会。

3. 工作空间

不同的应用系统有不同的特定的工作空间，所以对扫描器的工作距离及扫描景深有不同的要求。一些日常办公条码应用系统对工作距离及扫描景深的要求不高，选用光笔、CCD 扫描器这两种较小扫描景深和工作距离的设备即可满足要求。而仓库、储运系统等，大都要求离开一段距离扫描条码符号，要求扫描器的工作距离较大，所以要选择有一定工作距离的扫描器，如激光枪等。对于某些扫描距离变化的场合，则需要扫描景深大的扫描设备。

4. 接口要求

应用系统的开发，首先是确定硬件系统环境，然后才涉及条码识读器的选择问题，这就要求所选识读器的接口要符合该系统的整体要求。通用条码识读器的接口方式有串行通信接口和键盘接口两种。

5. 性价比

条码识读器由于品牌不同、功能不同，价格也存在着很大的差别。因此我们在选择识读器时，一定要注意产品的性能价格比，应本着能够满足应用系统的要求且价格较低的原则选购。

（1）扫描设备的选择不能只考虑单一指标，应根据实际情况进行全面考虑。

（2）零售领域的识读设备选择，最重要的是注意扫描速度和分辨率，而景深并不是关键因素。因为当景深加大时，分辨率会大大降低。

（3）适用的激光扫描器应当是高扫描速度、固定景深范围内很高的分辨率。激光扫描器的价格较高，同时因为内部有马达或振镜等活动部件，耐用性能会打折扣。

（4）与激光识读器相比，CCD 识读器有很多优点。它的价格比激光识读器便宜，同时由于内部没有可移动部件，因而比激光识读器更加结实耐用，同时还有阅读条码的密度广泛、容易使用的优点。目前新型的 CCD 的扫描景深已经能够很好地满足商业流通业的使用要求。

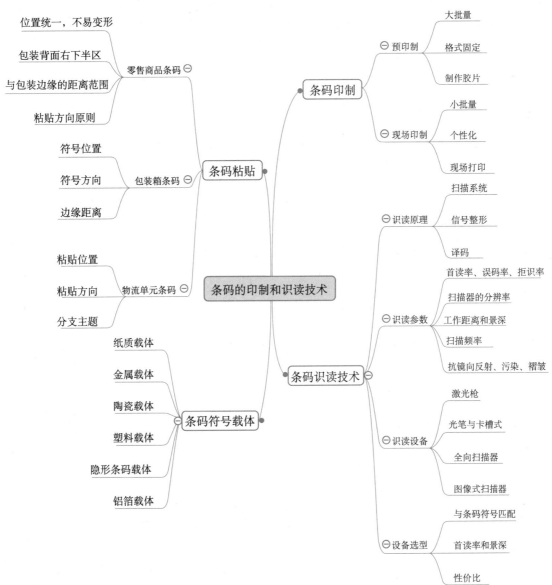

1. 简述条码的两种印制方式的主要区别。
2. 简述不同的条码载体在用途上的区别。
3. 简述条码识读设备的主要类型。

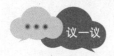

条码的印制和粘贴都是一些实操性很强的工作，正是这些工作的质量最能体现从业者的工匠精神。

请以小组形式议一议：如何在条码的印制和粘贴岗位践行工匠精神？

模块 8
条码应用系统

知识目标

1. 条码应用系统的组成；
2. 条码应用系统的运作流程；
3. 条码应用系统的开发步骤；
4. 条码码制的选择。

情感目标

1. 能够与时俱进，时刻关注新科技、新动态；
2. 培养学生的风险防范意识；
3. 培养学生的团体合作精神和协调能力。

重 难 点

1. 条码应用系统的组成；
2. 条码码制的选择。

导 入 案 例

条码技术在超市管理中的应用

条码技术在现代超市中得到了广泛的应用，已经成为现代超市管理不可缺少的重要手段。超市中的条码技术主要应用于商品流通管理、员工管理、客户管理、供应商管理等。

（一）商品流通管理

1. 货物的验收

仓库收货员接到供应商的货物后，手持无线手提终端扫描送货单上的条码或者物流标签上的 SSCC（系列货运包装箱代码），通过无线网与主机连接的无线手持终端上已有的此次要收的货品资料进行比对，查看此货物是否符合订单的要求，若符合要求，则将货物存入仓库。

2. 货物的盘点

盘点是超市收集数据的重要手段，也是超市必不可少的工作。以前的盘点，必须暂停营业来进行手工清点，对经营的影响及对公司形象的影响之大无可估量。直至现在，还有的超市是利用非营业时间，要求员工加班加点进行盘点。即使对于小型超市而言，这种管理模式也不适合长期使用，因为盘点周期长、效率低。作为大型超市，其盘点方式已进行必要的完善，每天进行几次，电脑主机将随意指令售货员到特定货架，清点某些货品。工作人员只需手拿无线手持终端，按照通过无线网传输过来的主机指令，到对应货架扫描指定商品的条码，确认商品后对其进行清点，然后把资料通过无线手持终端传输至主机，主机再进行数据分析。

3. 货物的上架

工作人员需要定期将某种商品从仓库中提出，置于货架之上，从而满足购买者的需要。超市人员利用无线手持终端，扫描货物的条码，确定货物的代码号以及出库的数量，修改数据库服务器中该种商品的库存信息和出库信息，从而实现货物的上架。

4. 货物的销售

在现代大型超市当中，销售一向是超市的命脉，主要是通过 POS 系统对产品条码的识别来实现商品的结算及销售。现代超市货物的销售基本都采用固定式条码识读器来实现商品条码的快速录入，加快了超市收银人员收银的速度和准确度。在录入商品条码之后，通过 POS 终端将购买者所购买商品的金额总额通过液晶显示屏显示出来，并利用打印机将购买商品的基本信息打印出来，将信息提供给商品购买者。与此同时，将购买者所购买的每一种商品的基本信息，包括商品代码号、数量、购买时间等基本信息存于数据库服务器的销售信息中。

（二）员工管理

使用条码对员工进行管理，主要是应用在行政管理上。超市用已有的 NBS 条码影像制卡系统为每个员工制作一张员工卡，卡上有员工的基本信息，包括员工号、姓名、部门等。员工工作时间佩戴员工卡，利用条码配合考勤系统作考勤记录；需要身份证明的部门，利用条码扫描器扫描员工卡上的 ID 条码来确定员工的身份；超市工作人员从库房提出库存商品时，还可通过扫描 ID 条码来提取员工的信息。

（三）客户管理

主要是使用条码对会员客户进行管理，实行会员制客户管理。在每张会员卡上编印条码，卡上有客户的会员编号、姓名、办理时间等基本信息。客户结账时出示会员卡，收款员通过扫描卡上的条码确认其会员身份，并把会员的购物信息储存到会员资料库，方便日后查询使用。

（四）供应商管理

使用条码对供应商进行管理时，要求供应商供应的货物必须有条码，以便进行货物的追踪服务。供应商必须把条码的内容信息清楚提供给超市，超市通过货品的条码进行订货。供应商也可通过超市的实时数据了解自己所供产品的销售情况，作为生产企业经营管理的决策依据。

8.1　条码应用系统概述

8.1.1　条码应用系统的组成

条码应用系统就是将条码技术应用于某一系统中，充分发挥条码技术的优点，使应用系统更加完善。条码应用系统一般由如图8-1所示的几部分组成。

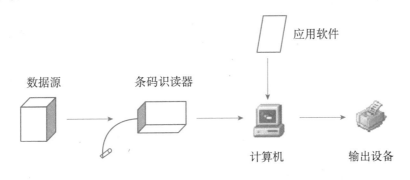

图 8-1　条码应用系统构成图

结合在超市购买矿泉水结账的过程，描述超市结账过程中用到的软硬件有哪些，分别对应图8-1中的哪一项？

数据源标志着客观事物的符号集合，是反映客观事物原始状态的依据，其准确性直接影响系统处理的结果。因此，完整准确的数据源是正确决策的基础。在条码应用系统中，数据源是用条码表示的，如图书管理中图书的编号和读者编号、商场管理中货物的代码等。目前，国际上有许多条码码制，在某一应用系统中，选择合适的码制是非常重要的。

条码识读器是条码应用系统的数据采集设备。它可以快速准确地捕捉到条码表示的数据源，并将这一数据传送给计算机处理。随着计算机技术的发展，其运算速度和存储能力有了很大提高，但计算机的数据输入却成了计算机发挥潜力的一个主要障碍。条码识读器较好地解决了计算机输入中的"瓶颈"问题，大大提高了计算机应用系统的实用性。

计算机是条码应用系统中的数据存储与处理设备。由于计算机存储容量大、运算速度快，使许多烦冗的数据处理工作变得方便、迅速、及时。计算机用于管理，可以大幅度减轻工作人员的劳动强度、提高工作效率，在某些方面还能完成手工无法完成的工作。近年来，计算机技术在我国得到了广泛应用，从单机系统到大的计算机网络，几乎普及到社会的各个领域，极大地推动了现代科学技术的发展。条码技术与计算机技术的结合，使应用系统从数据采集到处理分析构成了一个强大协调的体系，为国民经济的发展起到了重要的作用。

应用软件是条码应用系统的一个组成部分。它是以系统软件为基础，为解决各类实际问题而编制的各种程序。应用程序一般是用高级语言编写的，把要处理的数据组织在各个数据文件中，由操作系统控制各个应用程序的执行，并自动对数据文件进行各种操作。程序设计人员不必再考虑数据在存储器中的实际位置，为程序设计带来了方便。在条码管理系统中，应用软件具有以下功能：

（1）定义数据库。包括全局逻辑数据结构定义、局部逻辑结构定义、存储结构定义及信息格式定义等。

（2）管理数据库。包括对整个数据库系统运行的控制，数据存取、增删、检索、修改等操作进行管理。

（3）建立和维护数据库。包括数据库的建立、数据库更新、数据库再组织、数据库恢复及性能监测等。

（4）数据通信。具备与操作系统的联系处理能力、分时处理能力及远程数据输入与处理能力。

输出设备则是把数据经过计算机处理后得到的信息以文件、表格或图形方式输出，供管理者及时准确地掌握这些信息，制定正确的决策。

开发条码应用系统时，组成系统的每一环节都影响系统的质量。

8.1.2 条码应用系统的运作流程

条码应用系统的一般运作流程如图8-2所示。根据上述运作流程，条码应用系统主要由下列元素构成。

1. 条码编码方式

依不同需求选择适当的条码编码标准，如使用最普遍的EAN、UPC，或地域性的CAN、JAN等，一般以最容易与交易伙伴沟通的编码方式为最佳。

图 8-2　条码应用系统的运作流程

2. 条码打印机

专门用来打印条码标签的打印机，大部分是应用在工作环境较恶劣的工厂中，而且必须能负荷长时间的工作，所以在设计时特别重视打印机的耐用性和稳定性，以致其价格比一般打印机高。有些公司还提供各式特殊设计的纸张，可供一般的激光打印机及点阵式打印机印制条码。大多数条码打印机是属于热敏式或热转式中的一种。

此外，一般常用的打印机也可以打印条码，其中以激光打印机的品质最好。目前市面上彩色打印机相当普遍，而条码在打印时颜色的选择也是十分重要的，一般是将黑色当作条色，如果无法使用黑色时，可用青色、蓝色或绿色系列取代。底色最好以白色为主，如果无法使用白色时，可用红色或黄色系列取代。

3. 条码识读器

用以扫描条码，读取条码所代表字符、数值及符号的周边的设备为条码识读器。其原理是由电源激发二极管发光而射出一束红外线来扫描条码，由于空白会比线条反射回来更多的光度，由这些明暗关系，让光感应接收器的反射光有着不同的类比信号，然后再经由解码器译成资料。

4. 编码器及解码器

编码器和解码器是介于资料与条码间的转换工具。编码器可将资料编成条码。解码器的工作原理是由传入的条码扫描信号分析出黑、白线条的宽度，然后根据编码原则将条码资料解读出来，再经过电子元件转成计算机所能接受的数位信号。

8.2　条码应用系统的开发

8.2.1　条码应用系统开发步骤

1. 可行性分析

可行性分析的任务是判断项目是否可行。一个应用系统的开发建设不仅需要大量资金的投入，还需要技术、人力资源及管理上的保证。它从资金可行性、技术可行性和管理可行性三个方面来分析整个项目在资金上是否有保证，现有技术能否满足业务功能的需求，企业的管理机制、管理人员的素质及业务人员的水平是否能保证系统的正常开发和运行。可行性分析的结果是"可行性分析报告"。

2. 系统规划

就像盖房子要先画出设计图纸一样，条码应用系统规划的任务是画出整个信息系统的蓝图，它站在全局的角度，对所开发的系统中的信息进行统一的、总体的考虑。其内容包括：

（1）确定如何实现信息的共享。

（2）合理安排各种资源。

（3）制订开发计划。

（4）确定计算机网络配置方案。

3. 系统分析

系统分析的任务是在详细调查的基础上确定条码应用系统逻辑功能的过程。它从应用的角度确定系统"做什么"。经过详细的调查，首先确定系统的数据需求和功能需求。

（1）数据需求：系统涉及哪些数据，数据的格式、数量、发生频率、来源、去向等。

（2）功能需求：对数据做哪些加工处理，加工数据的来源，加工结果的去向。

然后用合适的工具描述这些需求。系统分析的结果是"逻辑设计说明书"（系统分析报告）。

4. 系统设计

系统设计的任务是确定系统"如何做"。它从技术的角度考虑系统的技术实现方案。例如，超市中销售数据的采集方案，货物盘点的技术实现，库存自动报警功能的实现，商品编码的设计等。系统设计的成果是"系统设计说明书"。

5. 开发实施

系统设计得到的方案还停留在纸面上，开发实施的任务是把方案变成实实在在的、可以使用的产品。它的工作包括：

（1）用选定的开发环境和语言编写应用程序。

（2）硬件设备的购买、安装及调试。

6. 系统测试

在系统分析、系统设计和编写程序的过程中，由于各种各样的原因，可能存在这样或那样的问题，系统测试的目的就是要发现并解决这些问题。测试的内容包括：

（1）系统程序的语法错误。

（2）逻辑错误。

（3）模块之间的调用关系。

（4）系统的运行效率。

（5）系统的可靠性。

（6）功能实现情况。

应用系统测试的结果为"系统测试报告"。

7. 系统安装调试

应用系统的安装调试包括：

（1）系统安装：硬件平台、软件平台和应用系统的集成调试。

（2）数据加载：将原来系统中的数据装入新系统中。

（3）数据准备：按系统中的数据格式要求来准备各种业务数据。

（4）数据编码：将需要编码的数据按编码要求编码。

（5）数据输入：将各种业务所需的基础数据录入到数据库中。

（6）联合调试：利用实验数据来验证系统的正确性。

8. 系统运行维护

系统运行维护主要是指采取保证系统正常、正确运行的措施。由于企业所处的环境不断变化，技术不断发展，系统测试不可能发现所有的错误和问题，系统随时可能会遭到恶意攻击、无意破坏，因此条码应用系统要"随需应变"。应用系统如何适应业务变化、技术变化，保证系统的正常、正确进行？在系统的运行过程中，可以通过系统运行日志的建立、保存和使用，来随时发现系统的问题，并及时进行维护和修改。

8.2.2　数据需求分析

1. 数据需求分析的任务

数据需求分析的任务是通过详细的调查研究，充分了解用户的业务规则、各种应用以及对数据的需求，收集系统所需要的基础数据和对这些数据的处理要求，为数据库的设计提供依据。下面以一个图书销售管理系统为例来说明数据需求分析的任务。

确定用户的全部数据需求是一件非常困难的事情。事实上，它是数据库设计中最困难的任务之一。

（1）系统本身是不断变化的，用户的需求也在不断变化。例如，随着技术的发展和消费者个性化需求的变化，消费者希望能够在网上下载电子图书；消费者希望建立网上读者俱乐部，定期交流读书的感想，获得好书、新书的介绍等。

（2）由于一般用户缺少计算机和数据库方面的专业知识，要表达他们的需求非常困难。例如，如何根据消费者近期的购书情况给予一定的奖励？时间段怎样划分？已经参与奖励的订单在下一次奖励中是否继续考虑？如果这些问题没有弄清楚，就无法确定在数据库中应该存储哪些数据、这些数据如何改变。

（3）由于开发人员缺少实际业务经验，对用户的需求描述不能正确理解。也就是说，即使是数据库应用的行家，由于对实际业务流程不熟悉，设计出的数据库也可能无法满足整个业务的需求。例如，在设计订书奖励时，由于对奖励规则和实际操作流程不清楚，可能会导致实际的奖励结果与期望的不一致。

因此，在数据的需求分析过程中，系统设计人员与业务人员的密切配合是非常重要的。这里也提出了一个大家非常关心的问题：IT 技术只是一个工具，这个工具是否能够得到恰当地使用，不仅取决于对技术的掌握，更重要的是对实际业务的理解和对数据处理要求的理解。

2. 数据需求分析的步骤

需求分析大致可以分为三个步骤：需求信息的收集、分析整理和评审。

（1）需求信息的收集。

需求信息的收集又称为系统调查。为了充分地了解用户可能提出的要求，在调查研究之前，要做好充分的准备工作，明确调查的目的、调查的内容和调查的方式。

1）调查的目的。

了解应用系统提供的功能、业务活动、工作流程和流程中涉及的数据。

2）调查的内容。

①图书销售提供的功能。系统提供哪些功能？如图书查询、网上订购、促销、折扣、读后感交流、新书推介、统计分析、消费者服务等。

②信息的种类。订单、会员卡、图书信息等。

③信息处理的流程。通过调查，可以详细了解每一项功能的输入数据、处理过程、输出数据、输入数据的来源、输出数据的来源。例如，消费者订单查询功能：消费者输入查询的条件，可以是订单号，也可以是订单日期，甚至是订单上的某一本图书，系统接收到条件后，从数据库中查询与条件匹配的所有订单，输出结果就是与输入条件匹配的订单。

④信息的数量。大概的输出存储数量，如有多少会员消费者、会员增长速度、销售图书种类等。

⑤信息处理的频度。例如，每天的订单大概有多少？

⑥信息的安全性需求。什么人、对什么数据、有什么样的处理权利？如修改权、删除权、查看权等。

⑦信息之间的约束关系。例如，一旦订单被确认以后，库存中的图书数量要相应减少。

3）调查方式。

①开座谈会。适合确定大致的业务范围、岗位划分、存在的问题及希望改进的内容。

②填写调查表。适合调查那些非常规范的业务，有明确的输入、规范的处理流程、明确的输出。

③查看业务记录、票据、表格等。

④个别交谈。适合了解某一项业务的详细工作流程。

⑤实地考察和参与。便于系统开发人员对业务处理的感性认识。

（2）需求信息的分析整理。

调查的结果往往是零散的、杂乱无章的，需要对这些信息进行分类整理，然后清楚地描述出来。数据的需求分析需要整理出下列清单，分类编写。

1）数据项清单：列出每一个数据项的名称、含义、来源、类型、长度等。例如，图书编号、消费者会员编号、订单编号、购书日期等都是我们所需要的数据项。将整个系统中涉及的所有数据项整理出来，填写如表 8-1 所示的表格。

表 8-1　　　　　　　　　　　　　　　　数据项清单

数据项名称	含 义	来源	类型	长度	约束
图书编号	每一种图书的唯一标志	新书录入	字符型	8	不能为空，必须唯一
图书名称	图书的名称	新书录入	字符型	30	

2）业务活动清单：列出系统中最基本的工作任务，包括任务名称、功能描述、输入数据和输出数据。填写业务活动清单，如表 8-2 所示。

表 8-2　　　　　　　　　　　　　　　　业务活动清单

业务活动名称	功能描述	输入数据/来源	输出数据/去向	备注
图书查询	查询消费者需要的图书，并将查询结果提交给消费者	消费者键盘输入，图书数据库文件	满足条件的图书详细信息，屏幕显示	
图书订购	在网站上下订单，可以同时订购多本图书	图书数据库文件，键盘输入	订单数据库文件，屏幕显示	

3）性能要求：描述系统数据处理的性能要求。例如，规定图书信息的查询响应时间不能超过 5 秒。

4）数据结构描述：系统中涉及的单证、表格等数据。例如，订单就是一个单证，它的格式和内容如表 8-3 所示。

表 8-3　　　　　　　　　　　　　　　　图书订单

订单号：　　　　　　　　　　　　　　　　订单日期：

消费者编号：			消费者姓名：			
联系电话：			送货地址：		送货时间：	
图书编号	图书名称	出版社	作者	单价	数量	折扣
总金额						

5）安全性、一致性描述：主要描述什么人、对什么数据、有什么样的访问权利。我们一般把数据的访问权分为读、写和执行三种基本权利。读权利就是可以看数据，但不能修改；写权利是既可以看，又可以修改；执行权利一般是指添加表、创建索引等新的内容。例如，我们规定，消费者只能查看图书信息，但不能修改；订单管理员只能查看订单，不能随意修改订单；消费者的在线信用卡信息谁都不能随意读、写（除了消费者本人到指定的网上银行或其他开户行外）。

（3）评审。

评审的目的在于判断某一阶段的任务是否完成，以免出现重大的疏漏或错误。

一般来说，评审工作的参与人员应该是由开发小组以外的有经验的专家以及用户来组成，以保证评审工作的客观性。评审工作可能会导致调查工作和数据分析工作的重复，即根据评审意见修改提交的需求分析结果，然后再评审。

在整个数据分析的过程中，需要特别注意的是，有一些数据是业务处理需要的，还有一些数据是为了数据管理而增设的。例如，为了标记订单中的数据是否已经领取奖励，可以对已经领取奖励的订单做一个标记，这样下次再累计奖励时就不会重复统计了。就像到超市买东西开发票一样，已经开具发票的购物小票上都做了标记，注明"发票已开"，这样超市就不会重复开发票、重复交税了。所以，在进行数据的需求分析时，还要考虑数据管理的需求，根据管理需要确定系统中需要哪些信息。

8.2.3　条码码制选择

用户在设计自己的条码应用系统时，码制的选择是一项十分重要的内容。选择合适的码制会使条码应用系统充分发挥其快速、准确、成本低等优势，达到事半功倍的目的。选择的码制不适合会使自己的条码应用系统丧失其优点，有时甚至导致相反的结果。影响码制选择的因素很多，如识读设备的精度、识读范围、印刷条件及条码字集中包含字符的个数等。在选择码制时我们通常要考虑下述几个方面。

1. 使用国家（或国际）标准的码制

必须优先从国家（或国际）标准中选择码制，例如通用商品条码（EAN 条码）。它是一种在全球范围完全通用的条码，所以我们在自己的商品上印制条码时，不得选用 EAN/UPC 码制以外的条码，否则无法在流通中通用。为了实现信息交换与资源共享，对于已制定为强制性国家标准的条码，必须严格执行。

在没有合适的国家标准供选择时，需参考一些国外的应用经验。有些码制是为满足特定场合的实际需要而设计的，如库德巴条码，它起源于图书馆行业，发展于医疗卫生系统。国外的图书情报、医疗卫生领域大都采用库德巴条码，并形成了一套行业规范。所以在图书情报和医疗卫生系统最好选用库德巴条码。贸易项目的标识、物流单元的标识、资产的标识、位置的标识、服务关系的标识和特殊应用六大应用领域大都采用 EAN·UCC 系统 128 条码。

2. 条码字符集

条码字符集的大小是衡量一种码制优劣的重要标志。码制设计者往往希望自己设计的码制具有尽可能大的字符集及尽可能少的替代错误，但这两点是很难同时满足的。因为在选择每种码制的条码字符构成形式时需要考虑自检验等因素。每一种码制都有特定的条码字符集，所以用户自己系统中所需代码字符必须包含在要选择的字符集中。比如用户代码为"5S12BC"，就可以选择 39 条码，而不能选择库德巴条码。

3. 印刷面积与印刷条件

当印刷面积较大时，可选择密度低、易实现精确印刷的码制，如 25 条码、39 条码。反之，若印刷条件允许，可选择密度较高的条码，如库德巴条码。当印刷条件较好时，可选择高密度条码，反之，则选择低密度条码。一般来讲，某种码制的密度的高低是针对该种码制的最高密度而言，因为每一种码制都可做成不同密度的条码符号。问题的关键是如何在码制之间或一种码制的不同密度之间进行综合考虑，使自己的码制和密度选择更科学合理，以充分发挥条码应用系统的优越性。

4. 识读设备

每一种识读设备都有自己的识读范围，有的可同时识读多种码制，有的只能识读一种或几种码制。所以当用户在现有识读设备的前提下选择码制时也应加以考虑，以便与自己的现有设备相匹配。

5. 尽量选择常用码制

即使用户所设计的条码应用系统是封闭系统，考虑到设备的兼容性和将来系统的延拓，最好还是选择常用码制。当然对于一些保密系统，用户可选择自己设计的码制。

需要指出的是，任何一个条码系统，在选择码制时，都不能顾此失彼，需根据以上几个方面综合考虑，择优选择，以达到最好的效果。

8.3　条码应用系统与数据库

8.3.1　数据库设计的要求

在条码应用系统中，被管理对象的详细信息是以数据库的形式存储在计算机系统中的。条码识读设备采集到管理对象的条码符号信息后，通过通信线路传输到计算机系统中。在计算机系统中，应用程序根据这个编码到数据库中去匹配相应的记录，从而得到对象的详细信息，并在屏幕上显示出来，如图 8-3 所示。

为了能够及时得到条码对象的详细信息，在设计数据库时，必须在表结构设计中设计

图 8 - 3   条码识读过程示意图

一个字段，用来记录对象的条码值，这样才能正确地从数据库中得到对象的信息。示例如图 8 - 4 所示。

商品条码	商品名称	规格型号	生产日期	单价	...
06901234567892	康师傅方便面	200 克×1	2018/02/16	……	
……					

| 06901234567892 | 康师傅方便面 | 200 克×1 | 2018/02/16 | …… | |

图 8 - 4   表结构设计中的条码值与对象的对应信息

8.3.2   识读设备与数据库接口设计

同一个条码识读设备可以识读多种编码的条码。同时，在一个企业或超市中，不同的对象可以采用不同的编码，如 UCC/EAN-128、EAN-13、EAN-8 等。也就是说，条码识读设备采集到的条码数据的长度是不同的。为了查询时能够得到正确的结果，在数据库中，如何设计条码的字段长度呢？通常有下述两个策略。

1. 采用小型数据库管理系统

像 Visual FoxPro 这样的小型数据库管理系统，其字符型数据是定长的，在设计数据库时只能按照最长的数据需求来定义字段长度。因此我们需要把读入的较短的代码通过"补零"的方式来补齐。例如，如果数据库中的条码字段为 13 位，而某些商品使用的是 EAN-8 条码，就需要将读入的 EAN-8 条码的左边补上 5 个 "0" 后，再与数据库中的关键字进行匹配。

2. 采用大型数据库管理系统

大型数据库管理系统，如 SQL Server、Oracle、Sybase、DB2 等，它们都提供了一种可变长度的字符类型 varchar，可以使用变长字符类型来定义对象的条码字段。

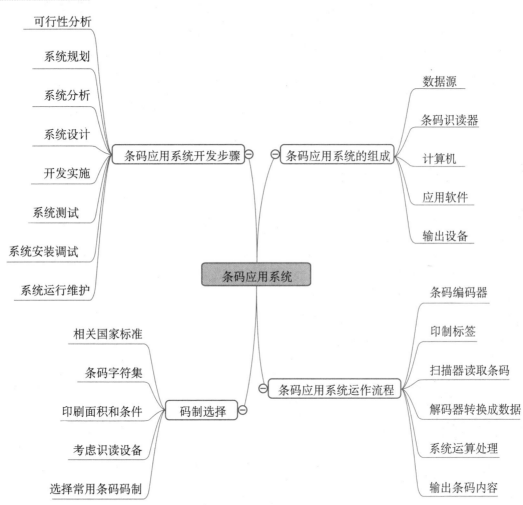

1. 简述条码应用系统的主要组成部分。
2. 在进行条码码制选择时应考虑哪些因素？

　　条码应用系统的开发是一项复杂而枯燥的工作，需要经过调研、数据收集和分析整理、系统架构设计以及系统开发等过程。

　　请以小组形式议一议：条码应用系统开发相关工作人员如何践行社会主义核心价值观？

模块 9

其他自动识别技术

1. RFID 的构成、工作原理和分类；
2. EPC 编码体系和原则；
3. 生物识别技术的类型和适用范围；
4. 图像识别技术的适用范围。

1. 提升学生的学习能力，不断学习新知识、新技术；
2. 训练学生的创新思维，培养学生的创新意识与创新能力；
3. 培养学生的自主探究能力。

重 难 点

1. RFID 的工作原理；
2. EPC 编码体系和原则；
3. 生物识别技术的适用范围。

 导 入 案 例

生物识别技术的迅猛发展

在互联网时代，网络安全受到前所未有的关注，生物识别技术凭着安全、可靠、便捷等优势，一举成为网络安全的"守护神"。指纹识别、人脸识别、虹膜识别等逐渐融入人们的生活，生物识别行业发展渐入佳境，市场规模日益壮大，前景大好。

在各类生物识别技术当中，指纹识别技术最成熟且应用最广泛，但因为存在难以克服的安全漏洞，如指纹采集容易损坏、指纹识别位置要求高等，近年来有被人脸识别赶超的迹象。

人脸识别是生物识别行业的热门领域，一方面是采集简单便捷，可以通过普通摄像头录入，大幅降低了使用门槛；另一方面是在精准度和安全级别上更高，符合信息时代的诉求。

语音识别发展势头同样趋好，具有成本低、采集便捷、认知度高等优势，在全球生物识别中其比重达到 15.8%。但由于声音会发生变化，且容易受到环境干扰，语音识别未能得到爆发式发展。

虹膜识别是安全级别最高的生物识别技术之一，误识率和拒识率接近零，但技术成本高，需要精密的摄像头，因此普及还十分有限，多用于安全要求较高的保密机构及高端设备。

从上述主流的生物识别技术可知，生物识别广受欢迎的原因在于其具有易测量、排他性及终身有效等特点，对保护信息安全具有天然优势。

正是凭着检验快速、结果精准、安全高效等优势，生物识别正在各行各业得到广泛应用，如银行、互联网金融、智能手机等，市场规模增长迅猛。

9.1 RFID 技术

9.1.1 RFID 的构成

RFID 是 Radio Frequency Identification 的缩写，即射频识别。它是一种非接触式的自动识别技术，通过射频信号自动识别目标对象并获取相关数据，识别工作无须人工干预，无须识别系统与特定目标之间建立机械或者光学接触，可工作于各种恶劣环境。RFID 技术可识别高速运动物体并可同时识别多个标签，操作快捷方便。

1. RFID 标签

RFID 标签俗称电子标签，也称应答器，根据工作方式可分为主动式（有源）和被动式（无源）两大类，这里主要研究被动式 RFID 标签。被动式 RFID 标签由标签芯片和标签天线或线圈组成，利用电感耦合或电磁反向散射耦合原理实现与读写器之间的通信。RFID 标签中存储一个唯一编码，通常为 64bit、96bit 甚至更高，其地址空间大大高于条码所能提供的空间，因此可以实现单品级的物品编码。当 RFID 标签进入读写器的作用区域，就可以根据电感耦合原理（近场作用范围内）或电磁反向散射耦合原理（远场作用范围内）在标签天线两端产生感应电势差，并在标签芯片通路中形成微弱电流。如果这个电流强度超过一个阈值，就将激活 RFID 标签芯片电路工作，从而对标签芯片中的存储器进行读/写操作，微控制器还可以进一步加入诸如密码或防碰撞算法等复杂功能。RFID 标签芯片的内部结构主要包括射频前端、模拟前端、数字基带处理单元和 EEPROM 存储单元四部分。

2. 读写器

读写器也称阅读器、询问器，是对 RFID 标签进行读/写操作的设备，主要包括射频模块和数字信号处理单元两部分。读写器是 RFID 系统中最重要的基础设施，一方面，RFID 标签返回的微弱电磁信号通过天线进入读写器的射频模块中转换为数字信号，再经过读写器的数字信号处理单元对其进行必要的加工整形，最后从中解调出返回的信息，完成对 RFID 标签的识别或读/写操作；另一方面，上层中间件及应用软件与读写器进行交互，实现操作指令的执行和数据汇总上传。在上传数据时，读写器会对 RFID 标签原子事件进行去重过滤或简单的条件过滤，将其加工为读写器事件后再上传，以减少与中间件及应用软件之间数据交换的流量，因此在很多读写器中还集成了微处理器和嵌入式系统，实现一部分中间件的功能，如信号状态控制、奇偶位错误校验与修正等。未来的读写器呈现出智能化、小型化和集成化趋势，还将具备更加强大的前端控制功能，例如直接与工业现场的其他设备进行交互甚至是作为控制器进行在线调度。在物联网中，读写器将成为同时具有通信、控制和计算功能的 C3 核心设备。

3. 天线

天线是 RFID 标签和读写器之间实现射频信号空间传播和建立无线通信连接的设备。RFID 系统中包括两类天线：一类是 RFID 标签上的天线，由于它已经和 RFID 标签集成为一体，因此不再单独讨论；另一类是读写器天线，既可以内置于读写器中，也可以通过同轴电缆与读写器的射频输出端口相连。目前的天线产品多采用收发分离技术来实现发射和接收功能的集成。天线在 RFID 系统中的重要性往往被人们所忽视，在实际应用中，天线设计参数是影响 RFID 系统识别范围的主要因素。高性能的天线不仅要求具有良好的阻抗匹配特性，还需要根据应用环境的特点对方向特性、极化特性和频率特性等进行专门设计。

4. 中间件

中间件是一种面向消息的、可以接收应用软件端发出的请求，对指定的一个或者多个读写器发起操作并接收、处理后向应用软件返回结果数据的特殊化软件。中间件在 RFID 应用中除了可以屏蔽底层硬件带来的多种业务场景、硬件接口、适用标准造成的可靠性和稳定性问题，还可以为上层应用软件提供多层、分布式、异构的信息环境下业务信息和管理信息的协同。中间件的内存数据库还可以根据一个或多个读写器的读写器事件进行过滤、聚合和计算，抽象出对应用软件有意义的业务逻辑信息构成业务事件，以满足来自多个客户端的检索、发布/订阅和控制请求。

5. 应用软件

应用软件是直接面向 RFID 应用最终用户的人机交互界面，协助使用者完成对读写器的指令操作以及对中间件的逻辑设置，逐级将 RFID 原子事件转化为使用者可以理解的业务事件，并使用可视化界面进行展示。由于应用软件需要根据不同应用领域的不同企业进行专门制定，因此很难具有通用性。从应用评价标准来说，使用者在应用软件端的用户体验是判断一个 RFID 应用案例成功与否的决定性因素之一。

9.1.2　RFID 系统的工作原理

射频识别技术的基本原理是电磁感应理论。标签进入磁场后，接收解读器发出的射频信号，凭借感应电流所获得的能量发送出存储在芯片中的产品信息（无源标签或被动标签），或者由标签主动发送某一频率的信号（有源标签或主动标签），解读器读取信息并解码后，送至中央信息系统进行有关数据处理。

射频信号是通过调成无线电频率的电磁场，把数据从附着在物品上的标签传送出去，以自动辨识与追踪该物品。某些标签在识别时从识别器发出的电磁场中就可以得到能量，无须电池供电；也有标签本身拥有电源，并可以主动发出无线电波（调成无线电频率的电磁场）。标签包含了电子存储的信息，数米之内都可以识别。与条形码不同的是，射频标签不需要处在识别器视线之内，也可以嵌入被追踪物体之内，识别过程如图 9－1 所示。

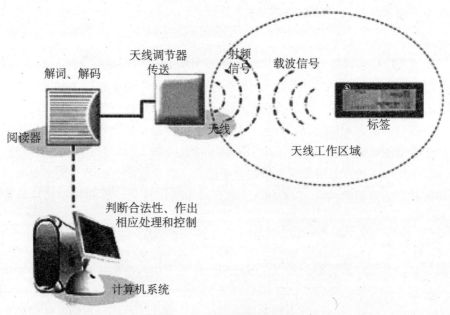

图 9－1　射频识别原理图

9.1.3　RFID 的分类

RFID 按应用频率的不同可分为低频（LF）、高频（HF）、超高频（UHF）和微波（MW），相对应的代表性频率分别为：低频 135KHz 以下、高频 13.56MHz、超高频 860MHz～960MHz、微波 2.4G～5.8G。

RFID 按能源的供给方式可分为无源 RFID、有源 RFID 和半有源 RFID。无源 RFID 读写距离近，价格低；有源 RFID 可以提供较远的读写距离，但是需要电池供电，成本要更高一些，适用于远距离读写的应用场合；半有源 RFID 是集成了有源 RFID 和无源 RFID 的优势，平时处于休眠状态不工作，只在其进入低频激活器的激活信号范围时，才开始工作。

9.1.4　RFID 技术的应用领域

射频识别标签基本上是一种标签形式，将特殊的信息编码进电子标签。标签被粘贴在需要识别或追踪的物品上，如货架、汽车、动物等。由于射频识别标签具有可读写能力，对于需要频繁改变数据内容的场合尤为适用。射频识别标签能够在人员、地点、物品和动物上使用。目前，最流行的应用是在交通运输（汽车和货箱身份证）、路桥收费、保安（进出控制）、自动生产和动物标签等方面。自动导向的汽车使用射频标签在场地上指导运行。其他应用包括自动存储和补充、工具识别、人员监控、包裹和行李分类、车辆监控以及货架识别等。

此外，RFID 技术还可应用于仓库资产管理、产品跟踪、供应链自动管理以及医疗等领域。在仓储库存、资产管理领域，因为电子标签具有读写与方向无关、不易损坏、远距离读取、多物品同时一起读取等特点，所以可以大大提高对出入库产品信息的记录采集速度和准确性，减少库存盘点时的人为失误，提高存盘点的速度和准确性。

在物品跟踪领域，因为电子标签能够无接触地快速识别，所以在网络的支持下可以实现对附有 RFID 标签物品的跟踪，并可清楚了解到物品的移动位置。例如，香港国际机场采用基于无源高频 RFID 技术的 RFID 行李处理系统，成功实现了对旅客行李的高效追踪管理，行李标签的有效识读率达到 97%。

在供应链自动管理领域，电子标签可用于货架、出入库管理、自动结算等各个方面。沃尔玛公司是全球 RFID 电子标签最大的倡导者，沃尔玛的很多供货商（如宝洁公司）已经在它们产品的大包装上使用电子标签。

RFID 技术在医疗卫生领域的应用包括对药品监控，对患者持续护理、不间断监测，医疗记录的安全共享，医学设备的追踪，进行正确有效的医学配药，以及不断地改善数据显示和通信，还包括对患者的识别与定位功能，用来防止医生做手术选错了病人和防止护士抱错了刚出生的婴儿等事情的发生。

9.2　EPC 技术

EPC（Electronic Product Code，电子产品代码）是下一代产品标识代码，它可以对供应链中的对象（包括物品、货箱、货盘、位置等）进行全球唯一的标识。EPC 存储在 RFID 标签上，这个标签包含一块硅芯片和一根天线。读取 EPC 标签时，它可以与一些动态数据连接，如该贸易项目的原产地或生产日期等。这与全球贸易项目代码（GTIN）和车辆鉴定码（VIN）十分相似。EPC 就像是一把钥匙，用以解开 EPC 网络上相关产品信息这把锁。与目前商务活动中使用的许多编码方案类似，EPC 包含用来标识制造厂商的代码以及用来标识产品类型的代码。但 EPC 使用额外的一组数字-序列号来识别单个贸易项目。EPC 所标识产品的信息保存在 EPCglobal 网络中，而 EPC 则是获取有关这些信息的一把钥匙。

9.2.1　EPC 编码体系

EPC 编码的一个重要特点是：该编码是针对单品的。它的基础是 GS1，并在 GS1 基础上进行扩充。根据 GS1 体系，EPC 编码体系也分为 5 种：

- SGTIN：Serialized Global Trade Identification Number
- SGLN：Serialized Global Location Number
- SSCC：Serial Shipping Container Code
- GRAI：Global Returnable Asset Identifier
- GIAI：Global Individual Asset Identifier

9.2.2　EPC 标签比特流编码

EPC 编码的一般结构是一串比特流，包括两部分：可变长的码头和值序列，如图 9-2 所示。它的长度、结构和作用完全由码头的值决定。96 位的 EPC 码可以为 2.68 亿公司赋码，每个公司可以有 1 600 万产品分类，每类产品有 680 亿的独立产品编码，可以为地球上的每一粒大米赋予唯一代码。

Header　　　　　　　　　Numbers

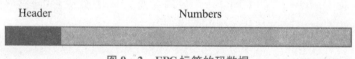

图 9-2　EPC 标签的码数据

EPC 代码是由标头、厂商识别代码、对象分类代码、序列号等数据字段组成的一组数字。EPC 代码具有以下特性：

（1）科学性：结构明确，易于使用、维护。

（2）兼容性：EPC 编码标准与目前广泛应用的 GS1 编码标准是兼容的，GTIN 是 EPC 编码结构中的重要组成部分，目前广泛使用的 GTIN、SSCC、GLN 等都可以顺利转换到 EPC 中去。

（3）全面性：可在生产、流通、存储、结算、跟踪、召回等供应链的各环节全面应用。

（4）合理性：由 EPCglobal、各国 EPC 管理机构（中国的管理机构称为 EPCglobal China）、被标识物品的管理者分段管理、共同维护、统一应用，具有合理性。

（5）国际性：不以具体国家（地区）、企业为核心，编码标准全球协商一致，具有国际性。

（6）无歧视性：编码采用全数字形式，不受地方色彩、语言、经济水平、政治观点的限制，是无歧视性的编码。

9.2.3　EPC 结构框架

该框架基于 RFID 技术、Internet 技术以及 EPC 体系，包括各种硬件和服务性软件系统，如图 9-3 所示。其目标是：

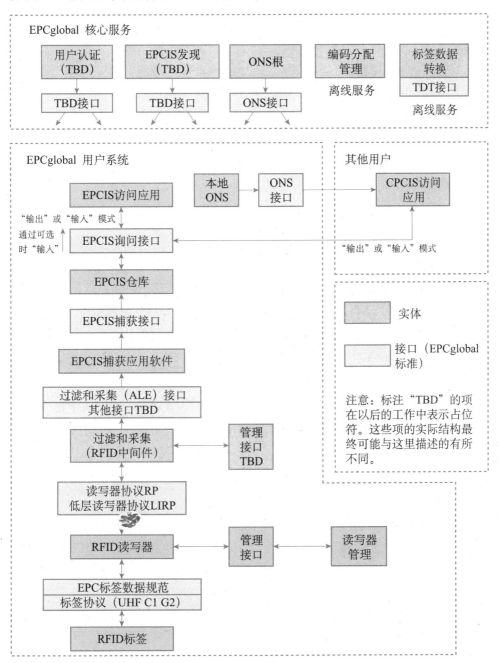

图 9-3　EPC 标签的码数据

（1）制定相关标准，在贸易伙伴之间促进数据和实物的交换；鼓励改革。

（2）全球化的标准使得该框架可以适用在任何地方。

（3）开放的系统：所有的接口均按开放的标准来实现。

（4）平台独立性：该框架可以在不同软、硬件平台上实现。

（5）可测量性和可延伸性：可以对用户的需求进行相应的配制；支持整个供应链；提供了一个数据类型和操作的核心，同时也提供了为了某种目的而扩展核心的方法；标准是可以扩展的。

（6）安全性：该框架被设计为可以全方位地提升企业的操作安全性。

（7）私密性：该框架被设计为可以为个人和企业提供数据的保密性。

（8）工业结构和标准：该框架被设计为符合工业结构和标准并对其进行补充。

9.2.4　EPC 编码原则

1. 唯一性

EPC 提供对实体对象的全球唯一标识，一个 EPC 代码只标识一个实体对象。为了确保实体对象的唯一标识的实现，EPCglobal 采取了以下措施：

（1）足够的编码容量：从世界人口总数（大约 74 亿）到大米总粒数（粗略估计 1 亿亿粒），EPC 有足够大的地址空间来标识所有对象。

（2）组织保证：保证 EPC 编码分配的唯一性并寻求解决编码冲突的方法，EPCglobal 通过全球各国编码组织来负责分配各国的 EPC 代码，建立相应的管理制度。

（3）使用周期：对一般实体对象而言，使用周期和实体对象的生命周期一致；对特殊的产品而言，EPC 代码的使用周期是永久的。

2. 简单性

EPC 的编码既简单又能同时提供实体对象的唯一标识。以往的编码方案很少能被全球各国各行业广泛采用，原因之一就是编码的复杂性导致不适用。

3. 可扩展性

EPC 编码留有备用空间，具有可扩展性。EPC 地址空间的是可发展的，具有足够的冗余，确保了 EPC 系统的升级和可持续发展。

4. 保密性与安全性

EPC 编码与安全和加密技术相结合，具有高度的保密性和安全性。保密性和安全性是配置高效网络的首要问题之一。安全的传输、存储和实现是 EPC 被广泛采用的基础。

9.3　生物识别技术

9.3.1　生物识别技术概述

生物识别技术是指通过计算机利用人类自身生理或行为特征进行身份认定的一种技

术，如语音识别、指纹识别、虹膜识别等。世界上某两个人指纹相同的概率极为微小，而两个人的眼睛虹膜一模一样的情况也几乎没有。人的虹膜在两到三岁之后就不再发生变化，眼睛瞳孔周围的虹膜具有复杂的结构，能够成为独一无二的标识。与生活中的钥匙和密码相比，人的指纹和虹膜不易被修改、被盗或被人冒用，而且随时随地都可以使用。

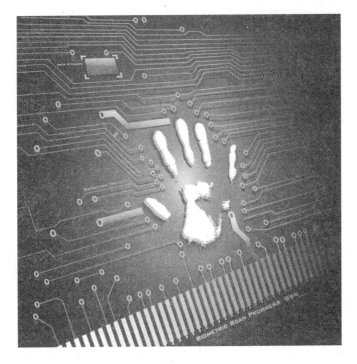

生物识别技术是依靠人体的身体特征来进行身份验证的一种解决方案。由于人体特征具有不可复制的特性，这一技术的安全系数较传统意义上的身份验证机制有很大的提高。

生物识别是用来识别个人的技术。它采用自动技术测量所选定的某些人体特征，然后将这些特征与这个人的档案资料中的相同特征作比较。这些档案资料可以存储在一个卡片中或存储在数据库中。被使用的人体特征包括指纹、声音、掌纹、手腕上和眼睛视网膜上的备管排列、眼球虹膜的图像、脸部特征、签字时和在键盘上打字时的动态等。指纹扫描器和掌纹测量仪是目前应用最广泛的器材。不管使用什么样的技术，操作方法都是通过测量人体特征来识别一个人。

生物识别技术几乎适用于所有需要进行安全性防范的场合和领域，在金融证券、IT、安全、公安、教育和海关等行业的许多应用中都具有广阔的前景。随着电子商务应用越来越广泛，身份认证的可靠性和安全性就越来越重要，越来越需要有更好的技术来支撑其实施。

所有的生物识别过程大多包括四个步骤：原始数据获取、抽取特征、比较和匹配。生物识别系统捕捉到一个人生物特征的样品，唯一的特征将会被提取并且被转化成数字的符号。接着，这些符号被使用作为这个人的特征模板，这种模板可能会存放在数据库、智能卡或条码卡中。人们同识别系统交互，根据匹配或不匹配来判别这个人的身份。生物识别技术在我们不断发展的电子世界和信息世界中的地位将会越来越重要。

9.3.2　语音识别技术

1. 语音识别系统

语音识别系统本质上是一种模式识别系统，包括特征提取、模式匹配、模型库等，如图9-4所示。

图9-4　语音识别技术原理图

语音识别系统可以根据对输入语音的限制加以分类。如果从说话者与识别系统的相关性考虑，可以将语音识别系统分为三类：

（1）特定人语音识别系统。仅考虑对专人的话音进行识别。

（2）非特定人语音识别系统。识别的语音与人无关，通常要用大量不同人的语音数据库对识别系统进行学习。

（3）多人语音识别系统。通常能识别一组人的语音，或者成为特定组语音识别系统，该系统仅要求对要识别的那组人的语音进行训练。

2. 语音识别技术的应用

语音识别技术主要应用于以下领域：

（1）办公室或商务系统。典型的应用包括：填写数据表格、数据库管理和控制、键盘功能增强等。

（2）制造业。在质量控制中，语音识别系统可以为制造过程提供一种"不用手""不用眼"的检控（部件检查）。

（3）电信行业。相当广泛的一类应用在拨号电话系统上，包括话务员协助服务的自动化、国际国内远程电子商务、语音呼叫分配、语音拨号等。

（4）物流领域。语音识别技术还是一种国际先进的物流拣选技术。在欧美很多国家中，企业通过实施语音识别技术提高了员工拣选效率，从而降低了最低库存量及整体运用成本，并且大幅减少错误配送率，从而提升企业形象和客户满意度。其工作步骤主要包括以下三步：第一步，操作员根据语音提示去对应巷道和货位，到达指定货位后根据系统提示读出校验号以确认到达指定货位；第二步，作业系统根据收到的校验号确定拣选员到达了正确的货位，会向拣选员播报需要拣取的商品和数量；第三步，拣选员从货位上搬下规定数量商品，并反馈给系统一个完成拣选的语音，此项拣选任务即算完成。

3. 语音识别技术的优点

语音识别技术的优点主要包括以下四个方面：

（1）生产效率得以加倍提升。语音识别技术可以使工作人员连续工作，他们的动作没有间断，也不需要左右徘徊。语音可以指导工作人员按部就班地进行分拣，因此可以保证人员自始至终都保持高水准的工作状态。

（2）订单错误率下降。语音识别系统引入了"校验码"，即工作人员通过语音密码登录自己的语音终端之后，系统将其引导至第一个拣货位。工作人员读出贴在各拣货位被称为"校验码"的数字标识码，以验证所在位置是否正确。听到已分配拣货位的正确校验码后，系统将引导工作人员在该货位拣取相应数量的货物；当工作人员所报告的校验数字与后台系统中针对该货架位的数据不相符合时，系统将告诉工作人员"位置有误"。由此可见，只有听到正确校验数字后，系统才会向工作人员提供拣货数量，这样就避免了误操作。

（3）培训时间减少。语音识别技术易学易用，只需要一个小时就可以操作，一天内就能够精通，因为工作人员只需要反复训练 50 多个关键词汇，然后戴上耳机、拿上移动终端设备就可以工作了，可以大幅度降低培训时间和费用。

（4）投资回报率高。投资回报可以从两方面来看，包括直接投资回报和间接投资回报。直接投资回报是指工作人员工作效率的提高、订单差错率的降低和工作劳动强度的减小，从而使工作人员在这方面的成本会大大降低；间接投资回报则涵盖客户满意度的提升、工作人员反复劳动的时间的减少等。

9.3.3 指纹识别技术

1. 指纹识别技术概述

指纹识别技术是成熟的生物识别技术。因为每个人包括指纹在内的皮肤纹路在图案、断点和交叉点上各不相同，是唯一的，并且终生不变，所以通过一个人的指纹和预先保存的指纹进行比较，就可以验证他（她）的真实身份。自动指纹识别是利用计算机来进行指纹识别的一种方法。它得益于现代电子集成制造技术和快速而可靠的算法理论研究。尽管指纹只是人体皮肤的一小部分，但用于识别的数据量相当大，对这些数据进行比对是需要进行大量运算的模糊匹配算法。利用现代电子集成制造技术生产的小型指纹图像读取设备和速度更快的计算机，提供了在微机上进行指纹比对运算的可能。另外，匹配算法的可靠性也不断提高。因此，指纹识别技术已经非常简单实用。由于计算机处理指纹时，只是涉及一些有限的信息，而且比对算法并不是十分精确匹配，因此其结果也不能保证100％准确。尽管指纹识别系统存在着可靠性问题，但其安全性仍比相同可靠性级别的"用户ID＋密码"方案的安全性要高得多。

指纹识别技术主要涉及四个环节：读取指纹图像、提取特征、保存数据和比对。通过指纹读取设备读取到人体指纹的图像，然后对原始图像进行初步的处理，使之更清晰，再通过指纹辨识软件建立指纹的特征数据。软件从指纹上找到被称为"节点"的数据点，即指纹纹路的分叉、终止或打圈处的坐标位置，这些点同时具有七种以上的唯一性特征。通常手指上平均有70个节点，所以这种方法会产生大约490个数据。这些数据，通常称为模板。通过计算机模糊比较的方法，把两个指纹的模板进行比较，计算出它们的相似程度，最终得到两个指纹的匹配结果。采集设备（即取像设备）分成几类：光学、半导体传感器和其他。

2. 指纹识别系统

指纹识别系统的性能指标在很大程度上取决于所采用算法的性能。为了便于采用量化的方法表示其性能，引入了下列两个指标：

（1）拒识率（False Rejection Rate，FRR）：是指将相同的指纹误认为是不同的，而加以拒绝的出错概率。

$$FRR=（拒识的指纹数目/考察的指纹总数目）\times 100\%$$

（2）误识率（False Accept Rate，FAR）：是指将不同的指纹误认为是相同的指纹，而加以接收的出错概率。

$$FAR=（错判的指纹数目/考察的指纹总数目）\times 100\%$$

对于一个已有系统而言，通过设定不同系统阈值，就可得出 FRR 与 FAR 两个指标成反比关系，控制识读的条件越严，误识的可能性就越低，但拒识的可能性就越高。拒识率实际上也是系统易用性的重要指标。在应用系统的设计中，要权衡易用性和安全性。通常用比对两个或更多的指纹来达到在不损失易用性的同时，极大提高系统的安全性。

3. 指纹识别技术的应用

指纹识别技术主要应用于以下几个方面：

（1）刑侦。这是最早应用指纹识别技术的领域。由于专业的需求特点，更多的是应用 1∶N 模式的指纹数据库检索。

（2）指纹门禁。这是应用指纹识别技术较多的领域。由于门禁应用的环境特点，是指纹产品较容易满足需求指标的领域，它们大多与计算机系统集成为门禁控制与管理系统。主要产品有指纹锁、指纹门禁、指纹保险柜等。

（3）金融。鉴于金融业务涉及资金和客户的经济机密，在金融电子化的进程中，为保证资金安全，保护银行客户和银行自身的利益，在业务管理和经营管理中，利用指纹验证身份的必要性和安全性越来越受到关注。指纹身份鉴别产品在金融业的应用已经呈现出不断增长的势头。例如：银行指纹密码储蓄、指纹密码登录，各类智能信用卡的防伪，自动提款机 ATM 的身份确认，银行保管箱业务的客户身份确认。

（4）社保。社保系统尤其是养老金的发放存在着个人身份严格鉴别的需求。指纹身份鉴别能可靠地保障社保卡及其持有人之间的唯一约束对应关系，是非常适合采用指纹身份认证的领域。

（5）户籍。随着新一代居民身份证的发行，在户籍和人口管理方面，指纹身份鉴别技术和产品是加强政府行政准确度和力度的最佳方法。

9.3.4　虹膜识别技术

虹膜是位于黑色瞳孔和白色巩膜之间的圆环状部分，是眼球中瞳孔周围的深色部分。人在长到八个月左右时，虹膜就基本上发育到了足够尺寸，进入了相对稳定的时期。虹膜是外部可见的，但同时又属于内部组织，位于角膜后面，要人为改变虹膜外观具有极大的难度，因而虹膜的高度独特性、稳定性和不可更改的特点，是虹膜可用作身份鉴别的物质基础。

1. 虹膜识别的过程

虹膜识别就是通过对比虹膜图像特征之间的相似性来确定人们的身份。虹膜识别的过程一般来说包含如下四个步骤：

第一步，虹膜图像获取。使用特定的摄像器材对人的整个眼部进行拍摄，并将拍摄到的图像传输给虹膜识别系统的图像预处理软件。

第二步，图像预处理。对获取到的虹膜图像进行如下处理，使其满足提取虹膜特征的需求：

（1）虹膜定位：确定内圆、外圆和二次曲线在图像中的位置。其中，内圆为虹膜与瞳孔的边界，外圆为虹膜与巩膜的边界，二次曲线为虹膜与上下眼皮的边界。

（2）虹膜图像归一化：将图像中的虹膜大小调整到识别系统设置的固定尺寸。

（3）图像增强：对归一化后的图像进行亮度、对比度和平滑度等处理，提高图像中虹膜信息的识别率。

第三步，特征提取。采用特定的算法从虹膜图像中提取出虹膜识别所需的特征点，并对其进行编码。

第四步，特征匹配。将提取得到的特征编码与数据库中的虹膜图像特征编码逐一匹配，判断是否为相同虹膜，从而达到身份识别的目的。

2. 虹膜识别技术的特点

虹膜识别技术的特点主要包括以下几个方面：

（1）虹膜具有随机的细节特征和纹理图像，而且这些特征在人的一生中均保持相当高的稳定性，因此，虹膜就成了天然的光学指纹。

（2）虹膜具有内在的隔离和保护能力。

（3）虹膜的结构难以通过手术修改。

（4）虹膜图像可以通过相隔一定距离的摄像机捕获，不需对人体进行侵犯。

在包括指纹在内的所有生物识别技术中，虹膜识别技术是目前最可靠的生物特征识别方式之一，其误识率是各种生物特征识别方式中最低的。虹膜识别技术被认为是 21 世纪最具有发展前途的生物认证技术，未来在安防、国防、电子商务等多个领域的应用，将会以虹膜识别技术为重点。这种趋势已经在全球各地的各种应用中逐渐开始显现出来，市场应用前景非常广阔。

9.4　图像识别技术

打开手机微信并使用街景扫描功能，该功能与图像识别技术有什么关系？

9.4.1　图像识别技术概述

随着微电子技术及计算机技术的蓬勃发展，图像识别技术得到了广泛应用和普遍重视。作为一门技术，它创始于 20 世纪 50 年代后期，1964 年美国喷射推进实验室（JPL）使用计算机对太空船送回的大批月球照片处理后得到了清晰逼真的图像，这是这门技术发展的里程碑，随后开始崛起，经过近半个世纪的发展，已经成为科研和生产中不可或缺的重要部分。

自 20 世纪 70 年代末以来，数字技术和微电子技术的迅猛发展给数字图像处理提供了先进的技术手段，"图像科学"也就从信息处理、自动控制系统理论、计算机科学、数据通信和电视技术等学科中脱颖而出，成长为旨在研究"图像信息的获取、传输、存储、变换、显示、理解与综合利用"的崭新学科。

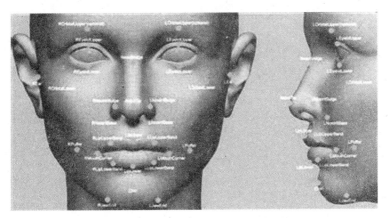

具有数据量大、运算速度快、算法严密、可靠性强、集成度高、智能性强等特点的各种图像识别系统在国民经济各部门得到广泛应用，并且正在逐渐深入家庭生活。现在，通信、广播、计算机技术、工业自动化和国防工业乃至印刷、医疗等部门的尖端课题无一不与图像科学的进展密切相关。事实上，图像科学已成为各高技术领域的汇流点。"图像产业"将是 21 世纪影响国民经济、国家防务和世界经济的举足轻重的产业。

　　图像科学的广泛研究成果同时也扩大了"图像信息"的原有概念。广义而言，图像信息不必以视觉形象乃至非可见光谱（红外、微波）的"准视觉形象"为背景，只要是对同一复杂的对象或系统，从不同的空间点、不同的时间等诸方面收集到的全部信息之总和，就称为多维信号或广义的图像信号。多维信号的观点已渗透到如工业过程控制、交通网管理及复杂系统分析等理论之中。

9.4.2　自动图像识别系统

　　自动图像识别系统的过程分为图像输入、预处理、特征提取、图像分类和图像匹配五个部分。

　　（1）图像输入。将图像采集下来后输入计算机进行处理是图像识别的首要步骤。

　　（2）预处理。为了减少后续算法的复杂度和提高效率，图像的预处理是必不可少的。其中背景分离是将图像区与背景分离，从而避免在没有有效信息的区域进行特征提取，加速后续处理的速度，提高图像特征提取和匹配的精度；图像增强的目的是改善图像质量，恢复其原来的结构；图像的二值化是将图像从灰度图像转换为二值图像；图像细化是把清晰但不均匀的二值图像转化成线宽仅为一个像素的点线图像。

　　（3）特征提取。特征提取负责把能够充分表示该图像唯一性的特征用数值的形式表达出来。尽量保留真实特征，滤除虚假特征。

　　（4）图像分类。在图像系统中，输入的图像要与数十、上百甚至上千个图像进行匹配，为了减少搜索时间、降低计算的复杂度，需要将图像以一种精确一致的方法分配到不同的图像库中。

　　（5）图像匹配。图像匹配是在图像预处理和特征提取的基础上，将当前输入的测试图像特征与事先保存的模板图像特征进行比对，通过它们之间的相似程度来判断这两幅图像是否一致。

　　2008 年 8 月，人脸识别技术被应用于北京奥运会安保工作，在开幕式上数万名观众由国家体育场鸟巢的 100 多个人脸识别系统快速身份验证关口入场。直至开幕式结束，现场秩序井然。人脸识别系统不仅可以准确稳定地锁定分析人脸特征，以找出可疑人员，而且分析速度快，避免了以往大型会议时安检通道拥堵的情况发生。目前比较流行的通过街景扫描实现导航、寻找附近餐厅及商场等设施的功能就属于典型的图像识别技术的应用。

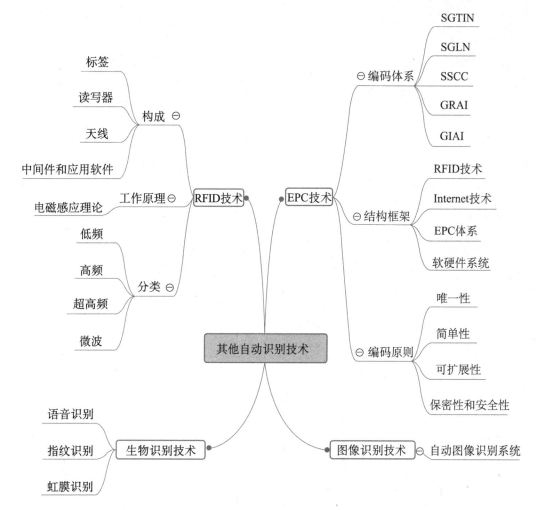

思考题

1. 简述条码技术和 RFID 技术的区别。
2. 简述生物识别技术的优缺点和适用范围。
3. 简述图像识别技术的优缺点和适用范围。

议一议

　　随着图像识别技术的日趋成熟，在多个领域都有了广泛应用，有部分城市已经将图像识别技术应用于解决行人闯红灯的问题。当行人闯红灯行为发生时，可通过高清摄像头识别闯红灯者的身份并按照相关规定进行处罚。

　　请以小组形式议一议：图像识别技术的广泛应用与教育公民遵规守纪之间的关系如何？

实践篇

情境 1

零售领域的条码技术应用

任务 1　设计无条码状态下零售店结账方案

 能力目标

1. 能绘制无条码状态下的结账流程图；
2. 会根据情境材料提炼和使用关键词；
3. 能使用逆向思维的方法进行结论推导。

情境描述

中国供销合作社是党中央、国务院为促进农业发展，活跃农村经济，于 1950 年创建的，是农民自愿入股、自我服务的合作经济组织。其宗旨是为农业、农村和农民提供综合服务，特点是上下联合、点多面广、工农一体、覆盖城乡。这一组织在促进城乡物资交流、保障市场供应、稳定物价、巩固工农联盟等方面都发挥了重要的作用。随着我国经济体制改革的不断深化，供销社这一组织形式慢慢被私有制超市取代。

党的十九大以来，国家加大对农村的帮扶力度，"供销社"渐渐重回村民视野，村民通过现代化的"供销社"可以买到货真价实的商品和卖出村里的土特产，农副产品的流通加工和销售等工作为很多年轻人在农村就业和创业创造了条件，让他们不用再背井离乡进城务工。

吉林省的辛屯村供销社成立于 1952 年，销售家庭必备的近 2 000 种商品，包括食品、调料以及各类五金杂货等商品，大到生产用具，小到水果糖茶，凡是能想到的生产生活用品一应俱全，在没有条码技术和 POS 系统的情况下正常运转了 60 余年。2018 年 5 月，现代化供销社在甘肃某村开始营业，现代化供销社和以前的供销社在各方面都截然不同，其

无 POS 系统商店实景

中最突出的是结账的方式。现代化供销社的售货员只需要负责扫条码和结账，其他工作由顾客完成；而在以前的供销社，顾客负责描述购买商品的特征和付款工作，其余工作由售货员完成。

 任务描述

1. 提炼上述情境中的关键词并标出不理解的词语。

2. 绘制在没有条码的情况下，从顾客进入供销社到完成结账过程的流程图，描述其销售过程中可能出现的问题。

3. 用关键词描述条码在结账过程中的作用。

解决方案要点 ➡

 成果评价

考核项目	考核要点	学生自评 （30%）	教师评分 （70%）
任务准备工作	准备充分，能按照老师要求阅读情境描述内容，提炼关键词，并标记不理解的词语	10分	10分
任务完成情况	在规定时间内按照要求完成3个任务	50分	50分

续前表

考核项目		考核要点	学生自评 （30%）	教师评分 （70%）
成果展示情况		能按照老师要求以合理的形式展示或汇报完成的成果	20分	20分
职业素养	遵守时间	不迟到，不早退，遵守课堂纪律	5分	5分
	现场 5S	爱护教室环境，合理操作设备，做好现场 5S	5分	5分
	团队协作	积极参与讨论，服从整体安排	5分	5分
	语言能力	积极回答问题，条理清晰	5分	5分
总分（满分 100 分）				
教师点评		（1）任务准备工作： （2）任务完成质量： （3）成果展示表现： （4）职业素养方面：		

小链接

工匠精神

党的十九大报告提出要"建设知识型、技能型、创新型劳动者大军，弘扬劳模精神和工匠精神，营造劳动光荣的社会风尚和精益求精的敬业风气"。

条码领域从业者要响应十九大报告的号召，大力弘扬劳模精神，着重培养工匠精神。

工匠精神是一种职业精神，它是职业道德、职业能力、职业品质的体现，是从业者的一种职业价值取向和行为表现。工匠精神的基本内涵包括敬业、精益、专注、创新等方面的内容。

1. 敬业。敬业是从业者基于对职业的敬畏和热爱而产生的一种全身心投入的认认真真、尽职尽责的职业精神状态。中华民族历来有"敬业乐群""忠于职守"的传统，敬业是中国人的传统美德，也是当今社会主义核心价值观的基本要求之一。早在春秋时期，孔子就主张人在一生中始终要"执事敬""事思敬""修己以敬"。"执事敬"，是指行事要严肃认真，不怠慢；"事思敬"，是指临事要专心致志，不懈怠；"修己以敬"，是指加强自身修养，保持恭敬谦逊的态度。

2. 精益。精益就是精益求精，是从业者对每件产品、每道工序都凝神聚力、精益求精、追求极致的职业品质。所谓精益求精，是指已经做得很好了，还要求做得更好，"即使做一颗螺丝钉也要做到最好"。正如老子所说，"天下大事，必作于细"。能基业长青的企业，无不是精益求精才获得成功的。

3. 专注。专注就是内心笃定而着眼于细节的耐心、执着、坚持的精神，这是一切"大国工匠"所必须具备的精神特质。从中外实践经验来看，工匠精神意味着一种执着，即一种几十年如一日的坚持与韧性。"术业有专攻"，一旦选定行业，就一门心思扎根下去，心无旁骛，在一个细分产品上不断积累优势，在自己的领域成为"领头羊"。在中国早就有"艺痴者技必良"的说法，如《庄子》中记载的游刃有余的庖丁、《核舟记》中记载的奇巧人王叔远等。

4. 创新。工匠精神还有追求突破、追求革新的创新内蕴。古往今来，热衷于创新和发明的工匠们一直是世界科技进步的重要推动力量。新中国成立初期，我国涌现出一大批优秀的工匠，如倪志福、郝建秀等，他们为社会主义建设事业做出了突出贡献。改革开放以来，"汉字激光照排系统之父"王选、"中国第一、全球第二的充电电池制造商"王传福、从事高铁研制生产的铁路工人和从事特高压、智能电网研究运行的电力工人等都是工匠精神的优秀传承者，他们让中国创新重新影响了世界。

任务 2　申请成为中国商品条码系统成员

 能力目标

1. 能根据流程图指导完成中国商品条码系统成员申请；
2. 会登录中国物品编码中心官方网站进行商品条码申请信息的填写。

 情境描述

天津市美滋滋食品有限公司拟向中国物品编码中心申请成为中国商品条码系统成员。公司生产 930 余种不同包装规格、不同原材料和不同口味的休闲小食品，主要包括豆制品、面类食品和肉类食品。请你为该企业代办此申请业务。该企业有关资料如下：

企业名称：天津市美滋滋食品有限公司

企业注册地址：天津市津南区津沽路 222 号　　邮编：300350

企业办公地址：天津市津南区津沽路 222 号　　邮编：300350

营业执照注册号（或工商注册号）：2201340908085

注册地行政区划代码：120111

注册资金：200 万元

企业类别：单个生产企业

企业法人：津强

联系方式：1341234××××

企业其他情况：企业为生产休闲食品的私营企业

申请成为中国商品条码系统成员的步骤如下图所示。

中国商品条码系统成员申请流程图

按照国家发改委颁布的发改价格〔2015〕1299 号文件和中国物品编码中心发布的物编中心〔2015〕51 号的规定，申请使用商品条码的企业，需要缴纳一次性加入费 1 000 元；根据企业性质不同，单个生产企业、集团公司、进出口公司需要分别缴纳每年的系统维护费 800 元、1 200 元、1 600 元。具体收费标准如下：

	一次性加入费（元）	系统维护费/年（元）
单个生产企业	1 000	800
集团公司	1 000	1 200
进出口公司	1 000	1 600

 任务描述

解决方案要点 ➡

1. 提炼上述情境中的关键词并标出不理解的词语。

2. 登录中国物品编码中心网站（www.ancc.org.cn），为天津市美滋滋食品有限公司申请成为中国商品条码系统成员。

3. 天津市美滋滋食品有限公司本批产品投产预期在市场的流通时间为 10 年，10 年内不再针对商品条码开展其他业务，请计算商品条码 10 年内的成本支出。

成果评价

考核项目		考核要点	学生自评（30%）	教师评分（70%）
任务准备工作		准备充分，能按照老师要求阅读情境描述内容，提炼关键词，并标记不理解的词语	10 分	10 分
任务完成情况		在规定时间内按照要求完成 3 个任务	50 分	50 分
成果展示情况		能按照老师要求以合理的形式展示或汇报完成的成果	20 分	20 分
职业素养	遵守时间	不迟到，不早退，遵守课堂纪律	5 分	5 分
	现场 5S	爱护教室环境，合理操作设备，做好现场 5S	5 分	5 分
	团队协作	积极参与讨论，服从整体安排	5 分	5 分
	语言能力	积极回答问题，条理清晰	5 分	5 分
总分（满分 100 分）				
教师点评		（1）任务准备工作： （2）任务完成质量： （3）成果展示表现： （4）职业素养方面：		

任务 3　设计中国企业商品条码

能力目标

1. 能根据企业商品类型、数量判断商品条码中的商品代码位数；
2. 能准确判断特殊规格商品需要申请的商品条码码制。

情境描述

　　天津市美滋滋食品有限公司已向中国物品编码中心申请成为中国商品条码系统成员，现开始为公司生产的 930 种不同包装规格、不同原材料和不同口味的休闲小食品申请和设计商品条码。休闲小食品主要包括豆制品、面类食品和肉类食品。根据商品的包装特点，可以分为两大类（见下表）：第一大类是外包装尺寸大小适中、为条码预留的印刷面积比较充足的商品，此类商品定义为 A 类商品，共有 900 种。随着企业的发展和市场需求的变化，此类商品在未来 10 年会慢慢扩充至上千种。第二大类是外包装尺寸相对较小或由于外包装图案设计的需要而为条码印刷预留的空间相对较小的商品，此类商品定义为 B 类商品，共有 30 种。天津市美滋滋食品有限公司认为，商品条码的获取可以更好地帮助自己的商品在市场上流通和销售。

天津市美滋滋食品有限公司产品类型表

公司名称	产品类型	类型特征	该种类数量	外包装特征	未来趋势
天津市美滋滋食品有限公司	A 类	正常包装	900 种	为条码印刷预留足够空间	扩展至 1 000 种以上
	B 类	非正常包装	30 种	由于外包装尺寸、形状及图案影响，商品条码印刷面积受到较大限制	扩展至 50 种

 任务描述

　　1. 提炼上述情境中的关键词并标出不理解的词语。

　　2. 天津市美滋滋食品有限公司现阶段共有 A 类商品 900 种，将来还会有新产品陆续开始生产。请为该企业 A 类商品申请和设计商品条码，撰写简单的商品条码申请和设计方案，确定流程、代码位数和条码码制。

　　3. 天津市美滋滋食品有限公司的 B 类商品有 30 种，其中 20 种豆制品包装上的条码可印刷面积超过了商品标签最大面面积的 1/5，5 种面类商品的条码可印刷面积超过了全部可印刷表面积的 1/9；4 种肉类商品标签表面积为 30cm²，1 种肉类商品的包装是直径为 2cm 的圆柱体。请为该企业 B 类商品申请和设计商品条码，撰写简单的商品条码申请和设计方案，确定流程、代码位数和条码码制。

解决方案要点 ➡

4. 登录中国物品编码中心网站（www.ancc.org.cn），查询你身边的一个商品的商品条码信息。

 成果评价

考核项目		考核要点	学生自评（30%）	教师评分（70%）
任务准备工作		准备充分，能按照老师要求阅读情境描述内容，提炼关键词，并标记不理解的词语	10分	10分
任务完成情况		在规定时间内按照要求完成4个任务	50分	50分
成果展示情况		能按照老师要求以合理的形式展示或汇报完成的成果	20分	20分
职业素养	遵守时间	不迟到，不早退，遵守课堂纪律	5分	5分
	现场5S	爱护教室环境，合理操作设备，做好现场5S	5分	5分
	团队协作	积极参与讨论，服从整体安排	5分	5分
	语言能力	积极回答问题，条理清晰	5分	5分
总分（满分100分）				
教师点评		（1）任务准备工作： （2）任务完成质量： （3）成果展示表现： （4）职业素养方面：		

任务4　设计进出口公司的商品条码

能力目标

1. 能根据进出口企业商品特征判断商品条码中的代码设计原则；
2. 能掌握特殊商品条码申请流程的应用范围。

情境描述

　　1974 年，美国成功开发通用商品条码并在全国商品零售领域推广应用。鉴于此，1977 年，欧洲以美国条码标准为蓝本，制定出欧洲商品条码（EAN）标准。美国通用商品条码代码为 12 位，欧洲通用商品条码代码为 13 位。当初欧洲在建立商品条码系统时比美国多 1 位，以便能标识更多的商品信息和欧洲不同的国家。在欧美商贸规则和技术标准的竞争中，欧洲商品条码击败美国，成为全球通用的条码标准。2005 年，美国要求北美地区各零售商必须配备可阅读 13 位条码的条码扫描器，该条码扫描器也可阅读 12 位的条码。当前世界上几乎所有国家均采用欧洲条码标准，只有美国和加拿大的部分零售市场还存在 12 位代码的商品条码。

　　津谷国际贸易集团有限公司成立于 2008 年，是政府投资设立的国有独资公司，注册资本金为 1 亿元，经营范围为授权范围内国有资产的经营管理，涉及商贸流通、金融服务、产业投资、经济合作等领域。集团与 213 个国家和地区的知名客商建立了广泛和稳定的贸易合作关系，经营的出口商品多达 210 个大类品种，主要为轻工业品、医化产品、农副产品、机电产品等。集团拥有二级控股子公司 22 家，有国有资产覆盖的各级公司 180 家。2017 年底，公司在岗职工 13 168 人。

　　津谷公司受美国一家制造企业委托在中国代理加工 10 种普通家用零售商品和 1 种医用医疗用品，生产完后直接送往美国，由委托企业在美国市场进行销售，考虑到美国还有一部分地区使用美国通用商品条码标准，因此美国的委托企业要求津谷公司为这批代加工的产品申请能在美国无障碍流通的商品条码。

　　随着双方合作的深入，津谷公司从美国进口了一批优质牛肉，在中国二次流通加工后进行了标准化包装并印上了津谷公司的企业标志，准备在中国市场销售，需要申请商品条码。

任务描述

　　1. 提炼上述情境中的关键词并标出不理解的词语。

　　2. 津谷公司为美国代理加工的 10 种普通家用零售商品和 1 种医用医疗用品需要申请商品条码，请申请和设计该批商品条码的代码和码制，并绘制商品条码从申请到设计的流程图。

　　3. 津谷公司已经是中国商品条码系统成员，在中国有固定的厂商识别代码，从美国进口的牛肉经过流通加工后要在中国市场销售，请帮助公司设计为该批牛肉赋予商品条码的可行性方案并进行说明。

解决方案要点 ➡

成果评价

考核项目		考核要点	学生自评 （30%）	教师评分 （70%）
任务准备工作		准备充分，能按照老师要求阅读情境描述内容，提炼关键词，并标记不理解的词语	10分	10分
任务完成情况		在规定时间内按照要求完成3个任务	50分	50分
成果展示情况		能按照老师要求以合理的形式展示或汇报完成的成果	20分	20分
职业素养	遵守时间	不迟到，不早退，遵守课堂纪律	5分	5分
	现场5S	爱护教室环境，合理操作设备，做好现场5S	5分	5分
	团队协作	积极参与讨论，服从整体安排	5分	5分
	语言能力	积极回答问题，条理清晰	5分	5分
总分（满分100分）				
教师点评		（1）任务准备工作： （2）任务完成质量： （3）成果展示表现： （4）职业素养方面：		

任务5　设计超市店内条码

 能力目标

1. 能根据超市零售商品需求设计店内条码；
2. 能区分店内条码和正式商品条码。

情境描述

　　华润万家是一家大型生活超市，2017年全国自营门店实现销售1 036亿元，自营门店总数达到3 162家，已进入全国29个省、直辖市、自治区和特别行政区，242个城市，员工人数23万。华润万家长期坚持并积极参与民生保障、品质改善、环保节能等对社会及生态环境有利的事业，努力成为友善、亲和的社区一员。通过持续的优化与发展，致力成为改善大众生活品质的卓越零售企业。华润万家主营业务是商品零售，包括购销、代销和寄售，经营商品涵盖范围极广，主要包括食品、鲜肉、熟食、日用百货、文教体育用品、珠宝、五金家电、烟酒、保健品及农副产品（含蔬菜、水果、水产品、蛋等）等数千种商品。一些小食品以及水果、蔬菜等商品为简易包装或散装，经过称重后生成并粘贴店内条码进行销售，烟酒、调料等有标准包装的商品在包装上已印刷了国际标准零售商品条码，可以直接进行销售。

超市果蔬销售区

　　经过统计，津南区某华润万家店有蔬菜30种，水果25种，不同类型和价格的肉类40种，不同类型和价格的零食1 000种，不同类型和价格的五谷杂粮20种，这些商品都是以购销的方式进行流通，超市大批量进货，然后需要经过称重并生成和粘贴带有店内条码的价签进行小批量、多频次的结账售出。此外，还有扫帚、拖把、球拍、足球和篮球各一种以及五种刀具以寄售方式进行流通。这些寄售商品虽然都是标准零售商品，但这些商品对应的生产厂商并未向中国物品编码中心申请成为中国商品条码系统成员，因此在超市内也需要像水果、蔬菜一样粘贴店内条码进行结账，不同的是这几种商品不需要称重定价，而是按照单价直接销售。

任务描述

1. 提炼上述情境中的关键词并标出不理解的词语。

2. 为情境中描述的华润超市中购销和寄售模式的商品设计店内码的代码和码制，并梳理总结设计步骤。

解决方案要点 ➡

 成果评价

考核项目		考核要点	学生自评 (30%)	教师评分 (70%)
任务准备工作		准备充分，能按照老师要求阅读情境描述内容，提炼关键词，并标记不理解的词语	10 分	10 分
任务完成情况		在规定时间内按照要求完成 2 个任务	50 分	50 分
成果展示情况		能按照老师要求以合理的形式展示或汇报完成的成果	20 分	20 分
职业素养	遵守时间	不迟到，不早退，遵守课堂纪律	5 分	5 分
	现场 5S	爱护教室环境，合理操作设备，做好现场 5S	5 分	5 分
	团队协作	积极参与讨论，服从整体安排	5 分	5 分
	语言能力	积极回答问题，条理清晰	5 分	5 分
总分（满分 100 分）				
教师点评		（1）任务准备工作： （2）任务完成质量： （3）成果展示表现： （4）职业素养方面：		

任务 6　印刷和粘贴商品条码

 能力目标

1. 能根据产品自身及外包装特征设计商品条码印刷方案；
2. 能根据产品特征及外包装设计店内条码粘贴方案。

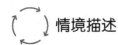 情境描述

唯美商城是一家中等规模的电子商务企业，主营业务是商品的 B2B 批发和 B2C 零售，还配置有适量的社区体验店，主要销售食品、日用百货、五金家电及农副产品（含蔬菜、水果、水产品、蛋等）等数百种商品。经过统计，书包、拉杆箱、刀具和相框 4 种商品需要制作店内条码并附在对应商品上，方便社区体验店的销售，书包和拉杆箱附有合格证挂牌，刀具和相框无包装，合格证贴在刀具和相框的表面。

随着公司的发展，唯美商城自主设计了一款碳酸饮料，准备委托第三方企业按照配方进行生产、灌装，然后以商城自有产品的形式进行销售，在此之前需要完成产品的包装设计和包装上的条码印刷方案设计。

另外，唯美商城社区体验店在经营过程中发现下图所示 5 种商品的条码无法正常扫描结账。

扫描结果为快递单号

无法扫描的某袋装零售商品

无法扫描的某瓶装零售商品

扫描过程较慢的某附有薄膜的商品

无法快速扫描的某盒装零售商品

任务描述

1. 提炼上述情境中的关键词并标出不理解的词语。

2. 请为情境中描述的书包、拉杆箱、刀具和相框4种商品确定店内码粘贴方案。

3. 列出情境中无法扫描结账的5种商品的商品条码存在的问题，并提出改善方案。

4. 唯美商城自主研发的碳酸饮料容器为较细长的瓶子，瓶子为透明的塑料材质，瓶身上的商品标签为半透明的蓝绿色塑料薄纸，标签上的字体颜色为浅白色。请为唯美商城的碳酸饮料设计商品条码印刷和粘贴方案，确定其底色、条空颜色、粘贴位置和粘贴方向。

解决方案要点 ➡

 成果评价

考核项目		考核要点	学生自评 (30%)	教师评分 (70%)
任务准备工作		准备充分，能按照老师要求阅读情境描述内容，提炼关键词，并标记不理解的词语	10分	10分
任务完成情况		在规定时间内按照要求完成4个任务	50分	50分
成果展示情况		能按照老师要求以合理的形式展示或汇报完成的成果	20分	20分
职业素养	遵守时间	不迟到，不早退，遵守课堂纪律	5分	5分
	现场5S	爱护教室环境，合理操作设备，做好现场5S	5分	5分
	团队协作	积极参与讨论，服从整体安排	5分	5分
	语言能力	积极回答问题，条理清晰	5分	5分
总分（满分100分）				
教师点评		（1）任务准备工作： （2）任务完成质量： （3）成果展示表现： （4）职业素养方面：		

情 境 2
生产企业的条码技术应用

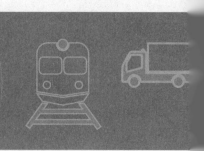

任务 1 小型企业原材料条码设计和使用

能力目标

1. 能为小型企业原材料进行代码编写；
2. 能根据小型企业原材料代码进行条码码制的选择和条码的生成。

情境描述

天津伟明科技发展有限公司是一家规模较小的手机及充电器的零部件制造企业，年产值 500 万元，是小米和 OPPO 手机及充电器的零部件供应商，共有零部件上千种，提取了所有零部件的六个共同分类属性及属性特征，如下表所示。

颜色	材料	加工程度	顶角形状	长边尺寸	穿孔形状
黑色	塑料	成品	直角	13cm	圆形
白色	钢化玻璃	半成品	弧形	15cm	正方形
银色	铁			20cm	长方形
红色	合金			24cm	六边形

天津伟明科技发展有限公司的生产方式和原材料管理方式相对比较粗放，原材料和成品的管理都是以人工方式进行，没有管理系统和自动识别技术的辅助，在发货过程中经常发生错误，例如，不打开包装箱就不知道货物基本信息，把 A 货物错当成 B 货物给客户发过去。为了改变这一现状，公司领导决定由现场改善部门负责进行信息化改造，为每种

原材料和成品都赋予唯一的代码，并生成条码粘贴在外包装上，发货时用条码扫描设备进行扫描，确保货物信息系统全面的实时可见以及流动过程的完整记录，避免出现之前人工作业阶段的低级失误，提升顾客满意度和企业形象。

 任务描述

1. 提炼上述情境中的关键词并标出不理解的词语。

2. 为该公司的所有原材料和成品编制代码。

3. 为该公司的所有原材料和成品代码选择合适的条码码制并生成条码。

解决方案要点 ➡

 成果评价

考核项目		考核要点	学生自评（30%）	教师评分（70%）
任务准备工作		准备充分，能按照老师要求阅读情境描述内容，提炼关键词，并标记不理解的词语	10 分	10 分
任务完成情况		在规定时间内按照要求完成 3 个任务	50 分	50 分
成果展示情况		能按照老师要求以合理的形式展示或汇报完成的成果	20 分	20 分
职业素养	遵守时间	不迟到，不早退，遵守课堂纪律	5 分	5 分
	现场 5S	爱护教室环境，合理操作设备，做好现场 5S	5 分	5 分
	团队协作	积极参与讨论，服从整体安排	5 分	5 分
	语言能力	积极回答问题，条理清晰	5 分	5 分
总分（满分 100 分）				
教师点评		(1) 任务准备工作：		
		(2) 任务完成质量：		
		(3) 成果展示表现：		
		(4) 职业素养方面：		

任务 2　小型企业电器产品条码设计和使用

能力目标

1. 能为小型企业产品进行代码编写；
2. 能根据小型企业产品代码进行条码码制的选择和条码的生成。

情境描述

　　某天津笔记本电脑生产企业经过 20 年的发展，其产品类型已经达到七十多种，可满足不同年龄段、不同职业、不同收入水平以及不同性别人群的需求。随着公司规模的不断扩大以及客户个性化需求的不断挑战，公司领导意识到其产品类型在不断地研发、升级换代和个性定制过程中还会大幅度增加，因此，为其产品家族系统性地设计一套编码方案，对于提升产品管理水平和减少管理难度具有重要意义。其产品类型如下所述：

　　按照价格分，有满足主流消费者购买的、价格在 3 000～5 000 元的产品，称为灵悦系列；有价格在 5 000～8 000 元的、满足对性能有一定要求的消费者需求的中高端产品，称为灵动系列；有价格在 8 000～15 000 元的、满足对电脑性能有特殊要求的消费者的超高配置产品，称为灵锐系列。灵悦系列和灵动系列又分为游戏本和上网本两种不同型号，灵锐系列又分为商业版和专业版两种不同型号。不同型号在外形和功能侧重点上有很大差异，根据外形尺寸不同，上网本分为 13 寸和 14 寸两种，其他型号分为 15 寸、16 寸和 17 寸三种类型。灵悦系列和灵动系列每种尺寸根据颜色的不同又分为红色和白色两种类型；灵锐系列统一为黑色，但每种尺寸根据配置组合不同又分为 Latitude、Precision 和 Vostro 三种机型。

笔记本电脑产品

任务描述

解决方案要点 ➡

1. 提炼上述情境中的关键词并标出不理解的词语。

2. 为该公司的所有产品编制代码。

3. 为该公司的所有产品代码选择合适的条码码制并生成条码。

 成果评价

考核项目		考核要点	学生自评（30%）	教师评分（70%）
任务准备工作		准备充分，能按照老师要求阅读情境描述内容，提炼关键词，并标记不理解的词语	10分	10分
任务完成情况		在规定时间内按照要求完成 3 个任务	50分	50分
成果展示情况		能按照老师要求以合理的形式展示或汇报完成的成果	20分	20分
职业素养	遵守时间	不迟到，不早退，遵守课堂纪律	5分	5分
	现场 5S	爱护教室环境，合理操作设备，做好现场 5S	5分	5分
	团队协作	积极参与讨论，服从整体安排	5分	5分
	语言能力	积极回答问题，条理清晰	5分	5分
总分（满分 100 分）				
教师点评		(1) 任务准备工作： (2) 任务完成质量： (3) 成果展示表现： (4) 职业素养方面：		

任务 3　大型企业原材料条码设计和使用

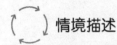

能力目标

1. 能为大型企业原材料进行代码编写；
2. 能根据大型企业原材料代码进行条码码制的选择和条码的生成。

情境描述

A 公司的原材料种类达 3 000 多种，成品 300 多种，由 7 个仓库管理员分片区管理，主要包括以下 8 种类型，每大类里面的每个小类又包括 5～120 种不同型号的原材料，例如，电子材料中的电容器类包括 30 种不同类型的电容器。

（1）电子材料。电子材料是指以其电性能为主要应用的材料。根据公司目前应用情况看，包括集成电路类、印刷电路板类、电容器类、电阻器类以及电感器类等 20 余种。

（2）光学材料。光学材料是指传输光线的介质材料，包括光学玻璃、光学晶体和光学塑料等光学介质材料。

（3）塑胶材料。塑胶材料是指以高分子合成树脂为主要应用的材料，包括 ABS、PVC、PA、PS、PE 等。

（4）金属材料。金属材料是指以钢、铁、铝等为主要应用的材料，主要包括摄像头、角铁、金属线管、金属紧固件、金属工具、金属模具等。

（5）包装材料。包装材料是指用于产品包装的材料，主要包括包装箱、吸塑盒、胶袋、封箱胶纸、不干胶标签、防潮剂以及合格证等。

（6）辅助材料。辅助材料是指构成产品实体的非主要材料，或辅助产品生产的应用材料，主要包括酒精、清洗剂、无尘布、双面胶、保护膜、钢网纸以及胶水等。

（7）自制半成品。自制半成品是指需要转入下一步骤继续生产且需要办理入库的工序产品，主要包括 COB。

（8）其他材料。未归于上述类别的材料。

物料收料后先用半张 A4 纸标记物料信息，进出库时登记料卡、填写料单，再录入到 Excel 电子表格中。

随着公司规模扩大、物料数量增加，A 公司物流管理的压力和风险日益增加，主要表现在：由于仓库没有使用任何仓储物流软件，所有的物料记录都是由手工来登记物料的名称、数量、规格、出入库日期等信息，手工记录工作量非常大，数据的及时性和准确性完全依赖仓库管理员的工作责任心。

A 公司的客户基本采用条码系统管理物料，同时 A 公司必须在发货前根据客户的要求打印和粘贴条码标签。手工记录数据和标签打印工作不仅效率低下，存在错误隐患，而

A 公司原材料仓库

且对公司来讲是不增值的活动，并在一定程度上影响了客户关系管理。

在这种情况下，A 公司决定在仓库管理方面采用条码管理，包括以下几个方面：对原材料、半成品、成品等全面实行条码自动化管理，管理入库、出库、调拨、移库、盘点等业务，提高管理水平；采购条码扫描枪、条码打印设备、打印箱标以及各种业务单据，提高出入库等作业效率和作业精度；改造现有局域网，搭建 WLAN，通过 LAN、WLAN 将条形码管理系统的服务器以及电脑、条码扫描枪、打印终端等连接起来，再通过接口程序导入 ERP 系统中，使其可以实时处理各种任务。

 任务描述

1. 提炼上述情境中的关键词并标出不理解的词语。

2. 为 A 公司的所有原材料编制代码体系。

3. 为 A 公司的所有原材料代码选择合适的条码码制并生成条码。

4. 思考物料编码是否可以包含该物料所存位置的库位信息以及该物料被加工时的工序信息；当同一种物料来自多个供应商时，是否可以包括供应商信息；是否可以包括该物料的价格信息。

解决方案要点 ➡

成果评价

考核项目		考核要点	学生自评（30%）	教师评分（70%）
任务准备工作		准备充分，能按照老师要求阅读情境描述内容，提炼关键词，并标记不理解的词语	10 分	10 分
任务完成情况		在规定时间内按照要求完成 4 个任务	50 分	50 分
成果展示情况		能按照老师要求以合理的形式展示或汇报完成的成果	20 分	20 分
职业素养	遵守时间	不迟到，不早退，遵守课堂纪律	5 分	5 分
	现场 5S	爱护教室环境，合理操作设备，做好现场 5S	5 分	5 分
	团队协作	积极参与讨论，服从整体安排	5 分	5 分
	语言能力	积极回答问题，条理清晰	5 分	5 分
总分（满分 100 分）				
教师点评		（1）任务准备工作： （2）任务完成质量： （3）成果展示表现： （4）职业素养方面：		

任务 4　大型企业产品条码设计和使用

 能力目标

1. 能为大型企业产品群进行代码编写；
2. 能根据大型企业产品代码进行条码码制的选择和条码生成。

 **情境描述**

　　B 公司是一家女装生产企业，2001 年开始生产和销售女装，至 2018 年各类女装单品数已达到数千种。为适应市场需求，B 公司生产的每类女装每年都会有变化。产品开发系列包括时尚、运动以及优雅等五种；产品按照大类分可分为背心、T 恤、半裙以及衬衣等 24 种，每种大类又包括 1～10 种小类，例如背心包括吊带背心和普通背心两种，每种小类又根据装饰物或表面图案的不同分为 10～50 种。根据女装整体颜色和花色的不同，又可分为 120 种颜色，每件女装又有 8 种尺码。

　　随着公司规模扩大、女装数量增加，B 公司物流管理的压力和风险日益增加，主要表现在：由于没有使用任何企业管理软件，所有的产品记录都是由手工来登记各类信息，手工记录工作量非常大，数据的及时性和准确性完全依赖员工的工作责任心。

　　B 公司的零售商客户基本采用条码系统管理和销售商品，因此 B 公司必须在发货时打印和粘贴条码标签。手工记录数据和标签打印工作不仅效率低下，存在错误隐患，而且对公司来讲是不增值的活动，并在一定程度上影响了客户关系管理。

　　在这种情况下，B 公司决定采用条码管理。B 公司准备开发一套产品销售管理系统，需要给每类女装一个内部专用的唯一代码，并将代码条码化，贴在衣服外包装上，这样出入库、销售及盘点时可以快速获取和传递产品信息。

B 公司仓库

任务描述

1. 提炼上述情境中的关键词并标出不理解的词语。

2. 请为 B 公司设计代码编写方案。

3. 根据代码选择合适的码制并生成 B 公司的内部成品条码。

解决方案要点 ➡

 成果评价

考核项目		考核要点	学生自评（30%）	教师评分（70%）
任务准备工作		准备充分，能按照老师要求阅读情境描述内容，提炼关键词，并标记不理解的词语	10 分	10 分
任务完成情况		在规定时间内按照要求完成 3 个任务	50 分	50 分
成果展示情况		能按照老师要求以合理的形式展示或汇报完成的成果	20 分	20 分
职业素养	遵守时间	不迟到，不早退，遵守课堂纪律	5 分	5 分
	现场 5S	爱护教室环境，合理操作设备，做好现场 5S	5 分	5 分
	团队协作	积极参与讨论，服从整体安排	5 分	5 分
	语言能力	积极回答问题，条理清晰	5 分	5 分
总分（满分 100 分）				
教师点评		（1）任务准备工作： （2）任务完成质量： （3）成果展示表现： （4）职业素养方面：		

情境 3

仓库内的条码技术应用

任务 1　制造企业仓位条码设计和使用

能力目标

1. 能为制造企业编写仓位代码设计方案；
2. 能根据制造企业仓位代码进行条码码制的选择和条码生成。

情境描述

情境 2 任务 4 的情境描述中提到的 B 公司在完成产品的编码后需要对整个企业的各类仓库的所有货位进行编码，以实现商品和货位信息的关联，方便盘点和提升出入库效率，为储位优化奠定基础。

B 公司现有三个仓库，分别是成品仓库、半成品仓库和原材料仓库。成品仓库用于存放零售商订购的未到发货期的女装成品，每个货位存放一种女装，共有 20 排货架，每排货架为 20 列×10 层，共有 4 000 个成品货位，依靠高位电动叉车和人工实现整托盘和整箱货物的快速出入库。半成品仓库用于存放一些半成品女装，例如，没有印制正面图案或添加装饰物的半成品，该仓库共有货架 10 排，每排货架为 10 列×10 层，共有 1 000 个货位。原材料仓库用于存放各种不同类型的布料、辅助布料以及扣子等原材料。

完成货位编码后，B 公司要配置与自己的零售商客户可直接无缝对接的管理系统，从而真正实现供应链管理的信息流的连续性。

企业仓库现场图

 **任务描述**

 解决方案要点 ➡

1. 提炼上述情境中的关键词并标出不理解的词语。

2. 请为 B 公司仓库设计代码编写方案。

3. 根据代码选择合适的码制并生成 B 公司的仓位条码。

4. 思考单个仓库内部的仓位编码是否可以包含产品或货物的特性信息，例如将该产品的大类、颜色、季节以及对应的供应商或客户等信息编入仓位代码并生成条码。

 成果评价

考核项目	考核要点	学生自评（30%）	教师评分（70%）
任务准备工作	准备充分，能按照老师要求阅读情境描述内容，提炼关键词，并标记不理解的词语	10 分	10 分

续前表

考核项目		考核要点	学生自评 （30%）	教师评分 （70%）
任务完成情况		在规定时间内按照要求完成 4 个任务	50 分	50 分
成果展示情况		能按照老师要求以合理的形式展示或汇报完成的成果	20 分	20 分
职业素养	遵守时间	不迟到，不早退，遵守课堂纪律	5 分	5 分
	现场 5S	爱护教室环境，合理操作设备，做好现场 5S	5 分	5 分
	团队协作	积极参与讨论，服从整体安排	5 分	5 分
	语言能力	积极回答问题，条理清晰	5 分	5 分
总分（满分 100 分）				
教师点评		(1) 任务准备工作： (2) 任务完成质量： (3) 成果展示表现： (4) 职业素养方面：		

任务 2　电商企业仓位条码设计和使用

能力目标

1. 能为电商企业编写仓位代码设计方案；
2. 能根据电商企业仓位代码进行条码码制的选择、条码生成和粘贴。

情境描述

2007 年某知名电商 C 公司第一个三代物流基地在杭州落成，2008 年其公司总部物流基地投入运行。至 2018 年 5 月已陆续建成杭州、南京、北京一期、沈阳、成都、无锡、合肥、天津等 20 余个物流基地。

物流是 C 公司持续成功的核心竞争力，C 公司始终坚持"在准确的时间把准确的货物送到准确的地点"的核心理念，为消费者提供高品质的服务体验，C 公司在国内市场建立了区域配送中心、城市配送中心、转配点三级物流网络体系，依托 SAP/ERP、WMS、DPS、TMS、GPS 等先进信息系统，实现了长途运输、短途调拨与零售配送到户一体化运作，建立了收、发、存、运、送的供应链管理信息系统，所有物流信息通过系统在线上、线下之间精准传输，同步将顾客购买的商品优质、快速、满意地送到配送区域内任一地点。

相对于很多小的电商企业物流外包而言，C 公司的物流子公司为自身的电商平台提供整体物流服务，属于自建物流，客户满意度相对较高。其二级城市配送中心内部主要分为三个区，即整托盘高层重型立体货架存储区、整箱高层轻型立体货架存储区和单品层板式货架拆零存储区，分别存放托盘集装单元货物、整包装箱或整周转箱集装未拆封货物以及单品已开箱货物，可同时满足 B2B 和 B2C 的发货需求。如果有退货情况发生，在配送中心无法及时处理时要送至退货暂存区，经过检验人员检验后合格品返回存储区，不合格品进入废品存储区，所有进入存储区和暂存区的货物都要通过扫描的方式录入到 WMS 系统，以便财务做账。

整托盘高层重型立体货架存储区共有 30 排货架，每排货架为 30 列×10 层，共有 9 000 个货位，依靠堆垛机实现整托盘货物的快速出入库；整箱高层轻型立体货架存储区共有 30 排货架，每排货架为 10 列×10 层，共有 3 000 个货位，依靠堆垛机实现整托盘货物的快速出入库；单品层板式货架拆零存储区共有 20 排货架，每排货架为 10 列×5 层，依靠人工实现单品货物的快速出入库；退货暂存区和废品存储区为重型立体货架，两个暂存区均为 2 排货架，每排货架为 5 列×5 层，存放托盘集装单元，依靠电动叉车实现货物的装卸搬运。

高层重型立体货架

任务描述

1. 提炼上述情境中的关键词并标出不理解的词语。

2. 请为 C 公司配送中心设计仓位代码方案。

3. 根据代码选择合适的码制并生成 C 公司的仓位条码。

4. 当工作人员使用无线手持式扫描枪扫描退货暂存区和废品存储区的第三层以上的货位时，会遇到由于货位比较高而无法扫描到的问题，为避免此种情况的发生，请设计货位条码粘贴方案。

解决方案要点 ➡

 成果评价

考核项目		考核要点	学生自评（30%）	教师评分（70%）
任务准备工作		准备充分，能按照老师要求阅读情境描述内容，提炼关键词，并标记不理解的词语	10分	10分
任务完成情况		在规定时间内按照要求完成 4 个任务	50分	50分
成果展示情况		能按照老师要求以合理的形式展示或汇报完成的成果	20分	20分
职业素养	遵守时间	不迟到，不早退，遵守课堂纪律	5分	5分
	现场 5S	爱护教室环境，合理操作设备，做好现场 5S	5分	5分
	团队协作	积极参与讨论，服从整体安排	5分	5分
	语言能力	积极回答问题，条理清晰	5分	5分
总分（满分 100 分）				
教师点评		（1）任务准备工作： （2）任务完成质量： （3）成果展示表现： （4）职业素养方面：		

任务 3　仓库内装载单元条码设计和使用

 **能力目标**

1. 能理解装载单元的含义；

2. 能对企业仓库内装载单元进行代码编写；

3. 能根据仓库装载单元代码进行条码码制的选择和条码生成。

 情境描述

情境 3 任务 2 中情境描述的 C 公司物流配送中心在编制完货位条码后，需要对在配送中心内部使用的集装化装载单元进行编码，以实现"货物—装载单元—货位"的三级信息关联，同时通过装载单元的使用实现集装化，提升仓储和运输效率。

通过数据汇总和分析，C 公司物流配送中心共有两大类集装单元，分别是托盘和周转箱。常用托盘尺寸除了 1 200mm×1 000mm 以外，还有 1 200mm×800mm 和 1 100mm×1 100mm 两种规格，三种尺寸的托盘数量各占总量的 80%、10% 和 10%。周转箱除了常用的 400mm×600mm 以外，还有 200mm×300mm 和 100mm×150mm 两种，三种尺寸的周转箱数量各占总量的 80%、10% 和 10%。托盘数量根据情境 3 任务 2 中情境描述部分对货位数量的描述进行判断，除了仓库满存状态下每一个货位需要一个托盘或周转箱，还需要配置适量的备用装载单元，以备特殊情况下的周转使用。

 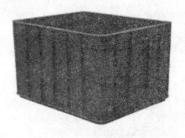

托盘和周转箱集装单元

 任务描述

1. 提炼上述情境中的关键词并标出不理解的词语。

2. 根据情境描述确定 C 公司需要配置的托盘和周转箱的数量。

3. 根据情境描述的内容为 C 公司设计装载单元代码编写方案。

4. 根据代码选择合适的码制并生成 C 公司的内部装载单元条码。

解决方案要点 ➡

 成果评价

考核项目		考核要点	学生自评 （30%）	教师评分 （70%）
任务准备工作		准备充分，能按照老师要求阅读情境描述内容，提炼关键词，并标记不理解的词语	10分	10分
任务完成情况		在规定时间内按照要求完成 4 个任务	50分	50分
成果展示情况		能按照老师要求以合理的形式展示或汇报完成的成果	20分	20分
职业素养	遵守时间	不迟到，不早退，遵守课堂纪律	5分	5分
	现场 5S	爱护教室环境，合理操作设备，做好现场 5S	5分	5分
	团队协作	积极参与讨论，服从整体安排	5分	5分
	语言能力	积极回答问题，条理清晰	5分	5分
总分（满分 100 分）				
教师点评		（1）任务准备工作： （2）任务完成质量： （3）成果展示表现： （4）职业素养方面：		

任务 4　自动化立体仓库条码应用方案设计

能力目标

1. 能绘制自动化立体仓库作业流程图；
2. 能根据条码技术的应用场景合理设计条码扫描器的安装位置；
3. 能使用条码技术解决自动化立体仓库的自动识别问题。

情境描述

为促进产业结构优化升级，加快经济发展方式转变，更好地实现国家对天津建设"高水平的现代制造业和研发转化基地"的定位要求，2009 年底天津市委、市政府决定建设职业技能公共实训基地。2011 年 6 月 24 日，实训基地投入试运行，8 月 15 日，国家人力资源和社会保障部将该基地认定为国家级公共实训基地，并冠名为中国（天津）职业技能公共实训中心。

中国（天津）职业技能公共实训中心的现代物流技术实训中心建筑面积 970 平方米，设备投资 1 800 万元，配备 160 台（套）设备，涵盖 5 个职业（工种），可同时容纳 40 人培训。建有库存总容量为 1 320 个存储单元、吞吐量可达 80 托盘/小时的自动化立体仓库；可开展存储、装卸、配送、信息处理等现代物流领域的实训和技术服务。

自动化立体仓库

现代物流技术实训中心配置有一套自动化立体仓库硬件设备和仓储管理系统软件，可实现基于条码的仓储作业信息自动采集、传输和处理。货物进入仓库以后，需要人工扫码验收，其他入库工作均由自动化设备和仓储管理系统自动完成。

解决方案要点 ➡

 任务描述

1. 提炼上述情境中的关键词并标出不理解的词语。

2. 根据情境描述内容收集自动化立体仓库的一般工作流程资料，并绘制流程图。

3. 根据绘制的自动化立体仓库作业流程图，描述条码技术在流程中的使用方法。

4. 根据情境确定自动化立体仓库固定式条码自动扫描设备的分布位置并确定扫描方向。

 成果评价

考核项目		考核要点	学生自评 (30%)	教师评分 (70%)
任务准备工作		准备充分，能按照老师要求阅读情境描述内容，提炼关键词，并标记不理解的词语	10 分	10 分
任务完成情况		在规定时间内按照要求完成 4 个任务	50 分	50 分
成果展示情况		能按照老师要求以合理的形式展示或汇报完成的成果	20 分	20 分
职业素养	遵守时间	不迟到，不早退，遵守课堂纪律	5 分	5 分
	现场 5S	爱护教室环境，合理操作设备，做好现场 5S	5 分	5 分
	团队协作	积极参与讨论，服从整体安排	5 分	5 分
	语言能力	积极回答问题，条理清晰	5 分	5 分
总分（满分 100 分）				
教师点评		（1）任务准备工作： （2）任务完成质量： （3）成果展示表现： （4）职业素养方面：		

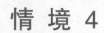

情 境 4

流通中的条码技术应用

任务 1　物流单元标识条码设计和使用

 能力目标

1. 能理解物流单元的应用环境；
2. 能对包装箱和托盘等物流单元进行编码；
3. 能根据物流单元代码进行条码码制的选择和条码生成。

情境描述

B 公司是一家饮料生产企业，2001 年开始各种饮料的生产和销售，至 2018 年各类饮料单品数已达到上百种，每一款饮料都以箱为单位进行包装。为了便于零售商店的进货和销售，一款柠檬碳酸饮料的最小包装箱每箱装 10 瓶；为了便于长距离运输时的装卸，每 4 个小箱子被装进了一个大箱子；为了便于在仓库存储，每 16 个大箱子又被码在一个尺寸为 1 200mm×1 000mm 的托盘上。为了便于该饮料在整个供应链过程中的流通，需要为所有的包装箱和托盘都编写唯一代码并生成条码，印刷或粘贴在相应的包装箱上。

一款果汁饮料，为了满足不同的包装需求，其最大包装每箱装 10 瓶，最小包装每箱装 4 瓶，每箱装的果汁饮料的数量是可变的。为了便于该饮料在整个供应链过程中的流通，需要为该果汁饮料的包装箱编写唯一代码并生成条码，印刷或粘贴在相应的包装箱上。

2017 年，B 公司新增了家电生产和销售的子公司，生产的一款洗衣机商品条码代码为 6922255400265，每个箱子装一台洗衣机。

2018 年，B 公司新增了日化品生产和销售的子公司，生产的一款产品为组合包装的洗发水和护发素，洗发水的商品条码代码为 6901234000016，护发素的商品条码代码为 6901234000023，每个包装箱装 1 瓶洗发水和 1 瓶护发素。

 任务描述

1. 提炼上述情境中的关键词并标出不理解的词语。

2. B 公司柠檬碳酸饮料的商品条码代码为 6901234567892，为装载了该商品的所有包装箱和托盘编写代码（代码及生成的条码不用于 POS 系统扫描结账）。

3. B 公司果汁饮料的商品条码代码前 12 位为 690123456780，请计算其第 13 位代码，并为装载了该商品的包装箱编写代码（代码及生成的条码不用于 POS 系统扫描结账）。

4. 根据上述任务中所编写的代码选择合适的条码码制，并生成条码符号。

解决方案要点 ➡

5. 如果上述所有的不同包装箱规格的整箱饮料都可用 POS 系统直接扫描销售，代码编写方法及条码码制的选择与上述任务中的方案是否一样？如果不一样，请设计新的编码方案并选择条码码制。

6. 为洗发水和护发素组合装产品以及洗衣机编写包装箱的代码并选择合适的码制生成条码。

 成果评价

考核项目		考核要点	学生自评（30%）	教师评分（70%）
任务准备工作		准备充分，能按照老师要求阅读情境描述内容，提炼关键词，并标记不理解的词语	10分	10分
任务完成情况		在规定时间内按照要求完成 6 个任务	50分	50分
成果展示情况		能按照老师要求以合理的形式展示或汇报完成的成果	20分	20分
职业素养	遵守时间	不迟到，不早退，遵守课堂纪律	5分	5分
	现场 5S	爱护教室环境，合理操作设备，做好现场 5S	5分	5分
	团队协作	积极参与讨论，服从整体安排	5分	5分
	语言能力	积极回答问题，条理清晰	5分	5分
总分（满分 100 分）				
教师点评		（1）任务准备工作： （2）任务完成质量： （3）成果展示表现： （4）职业素养方面：		

任务 2　物流单元计量单位条码设计和使用

 能力目标

1. 能理解物流单元计量单位的应用环境；
2. 能对物流单元的计量单位进行代码编写；
3. 能根据物流单元计量单位代码进行条码码制的选择和条码生成。

 情境描述

情境 4 任务 1 的情境描述中提到的 B 公司现有一托盘柠檬碳酸饮料要从供应链的上游向下游运输和配送。为了方便运输过程中的信息采集和处理，B 公司要为每一个物流单元制作物流单元标签，标签中的条码信息包括该物流单元的长、宽、高、毛重、面积以及体积等信息，长、宽、高信息用于装车时快速确定不同尺寸的车可装载的最大物流单元量，体积和毛重用于计算运费，面积用于计算就地堆码时的物流单元在仓库的占地面积。经过测量，该满载柠檬碳酸饮料的物流单元信息见下表。

物流单元属性名称及数值详细列表

属性名称	数值	属性名称	数值
长	1 200mm	面积	$1.2m^2$
宽	1 000mm	体积	$0.84m^3$
高	700mm	毛重	120kg

整托盘货物实景图

任务描述

1. 提炼上述情境中的关键词并标出不理解的词语。

2. 根据上述情境描述的信息对上表中物流单元的各个属性信息进行代码编写。

3. 根据上述任务中所编写的代码选择合适的条码码制，并生成条码符号。

解决方案要点 ➡

 成果评价

考核项目		考核要点	学生自评 （30%）	教师评分 （70%）
任务准备工作		准备充分，能按照老师要求阅读情境描述内容，提炼关键词，并标记不理解的词语	10 分	10 分
任务完成情况		在规定时间内按照要求完成 3 个任务	50 分	50 分
成果展示情况		能按照老师要求以合理的形式展示或汇报完成的成果	20 分	20 分
职业素养	遵守时间	不迟到，不早退，遵守课堂纪律	5 分	5 分
	现场 5S	爱护教室环境，合理操作设备，做好现场 5S	5 分	5 分
	团队协作	积极参与讨论，服从整体安排	5 分	5 分
	语言能力	积极回答问题，条理清晰	5 分	5 分
总分（满分 100 分）				
教师点评		（1）任务准备工作： （2）任务完成质量： （3）成果展示表现： （4）职业素养方面：		

任务 3　物流单元其他附属条码设计和使用

 **能力目标**

1. 能理解物流单元各类附属代码的应用环境；
2. 能对物流单元附属信息进行编码；
3. 能根据物流单元附属代码进行条码码制的选择和条码生成。

 情境描述

情境 4 任务 2 的情境描述中提到的 B 公司装载柠檬碳酸饮料的物流单元要从供应链的上游向下游运输和配送。为了方便运输过程中各类信息的采集和处理，B 公司要在物流单元标签上添加一些除了计量单位以外的其他附属信息，主要包括该物流单元内柠檬碳酸饮料的数量，该物流单元最终收货地的 ISO 国家（地区）代码，该批次饮料的生产日期和保质期，以及收货地的邮政编码等信息。生产日期和保质期用于出入库管理时的先进先出，最终收货地的 ISO 国家（地区）代码和收货地的邮政编码用于分拣时确认收货地址和分方向运输，数量信息用于进行数量验收时的扫描核对。具体信息如下表所示。

物流单元属性名称及数值详细列表

属性名称	数值	属性名称	数值
饮料数量	1 000 瓶	收货地邮编	300350
生产日期	2018 年 7 月 5 日	收货地 ISO 国家（地区）代码	86
保质期	2018 年 12 月 5 日		

 任务描述

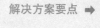
解决方案要点 ➡

1. 提炼上述情境中的关键词并标出不理解的词语。

2. 根据上述情境描述的信息对上表中物流单元的各个属性信息进行代码编写。

3. 根据上述任务中所编写的代码选择合适的条码码制，并生成条码符号。

成果评价

考核项目		考核要点	学生自评（30%）	教师评分（70%）
任务准备工作		准备充分，能按照老师要求阅读情境描述内容，提炼关键词，并标记不理解的词语	10分	10分
任务完成情况		在规定时间内按照要求完成3个任务	50分	50分
成果展示情况		能按照老师要求以合理的形式展示或汇报完成的成果	20分	20分
职业素养	遵守时间	不迟到，不早退，遵守课堂纪律	5分	5分
	现场5S	爱护教室环境，合理操作设备，做好现场5S	5分	5分
	团队协作	积极参与讨论，服从整体安排	5分	5分
	语言能力	积极回答问题，条理清晰	5分	5分
总分（满分100分）				
教师点评		（1）任务准备工作：		
		（2）任务完成质量：		
		（3）成果展示表现：		
		（4）职业素养方面：		

任务4　物流单元标签的设计和使用

 能力目标

1. 能理解物流单元标签的应用环境；
2. 能根据信息进行物流单元标签的制作。

情境描述

　　每天，成千上万家公司都要购销数以千万计的产品，产品可以用各种包装数量和包装类型进行运输。运输的货物可以由单件、箱子、部分或者全部托盘、集装箱等方式组成，而每种包装类型本身又可以由标准统一的产品或者是为满足客户订单需要的非标准混合产品组成。日益加剧的全球竞争导致了对信息流的迫切需要，并且越来越成为商业竞争的主导。因此，每天处理成千上万件物品的货运公司需要通过高效、自动化的物流信息和数据采集系统对货物流进行控制，信息系统的一个关键就是对货运集装箱进行唯一标识并编制成可机读的条码，同时将该货运集装箱的附属信息与该唯一标识进行代码关联和编制条码，方便整个供应链过程的信息识别、传输和处理。

港口现场集装箱装卸搬运图

　　我国一家公司要将一个集装箱物流单元从天津港送到上海港，需要制作一个物流单元标签粘贴在集装箱上，该集装箱物流单元需要表示的信息如下表所示。

物流单元属性名称及数值详细列表

属性名称	数值	属性名称	数值	属性名称	数值
长	20ft	面积	1.2m²	收货地 ISO 国家（地区）代码	86
宽	8ft	体积	0.84m³	生产日期	2018 年 6 月 5 日
高	8ft	毛重	120kg	保质期	2019 年 6 月 5 日
单品数量	10 000 瓶	收货地邮编	200000	商品条码	6901234567892
提单号	753930	发货人	天津市中德港集团	收货人	上海市中港集团
扩展位	1	厂商识别码	待编写	物流单元序列号	待编写

任务描述

1. 提炼上述情境中的关键词并标出不理解的词语。

2. 根据上述情境描述的信息进行物流单元标签的制作。

解决方案要点 ➡

成果评价

考核项目		考核要点	学生自评（30%）	教师评分（70%）
任务准备工作		准备充分，能按照老师要求阅读情境描述内容，提炼关键词，并标记不理解的词语	10分	10分
任务完成情况		在规定时间内按照要求完成2个任务	50分	50分
成果展示情况		能按照老师要求以合理的形式展示或汇报完成的成果	20分	20分
职业素养	遵守时间	不迟到，不早退，遵守课堂纪律	5分	5分
	现场5S	爱护教室环境，合理操作设备，做好现场5S	5分	5分
	团队协作	积极参与讨论，服从整体安排	5分	5分
	语言能力	积极回答问题，条理清晰	5分	5分
总分（满分100分）				
教师点评		（1）任务准备工作： （2）任务完成质量： （3）成果展示表现： （4）职业素养方面：		

情 境 5

流通领域其他自动识别技术应用

任务 1　RFID 在流通中的应用方案设计

 能力目标

1. 能掌握 RFID 技术和条码技术的适用环境；
2. 能根据场景需要配置适合的 RFID 应用系统。

情境描述

相对于条码技术而言，RFID 标签能承载更多的信息，识读更方便快捷，同时能提供对物理对象的唯一标识，商品可以实现整个供应链上的全程跟踪。某烟草公司由于销售市场较好，商品在供应链上的流通速度需要不断提升以满足客户需求。在整个供应链过程中RFID 技术的应用如下：

1. 给产品加上射频识别标签

供应商给每箱货物粘贴一个 RFID 标签。公司根据这个标签可以实现全自动、高效益地对货物进行识别、计数和跟踪。

2. 出厂

货物出厂时，出货口门楣上的 RFID 读写器发出的射频波射向电子标签，启动这些标签同时供其电源。标签被"唤醒"后，开始和读写器之间进行数据传输或者 ID 通信，读写器读取标签信息，进行记录，直到阅读完所有标签内的信息为止。

3. 配送中心内部作业

（1）入库作业。由于在卸货区有 RFID 读写器，因此不需要开箱检查里面的货物就可

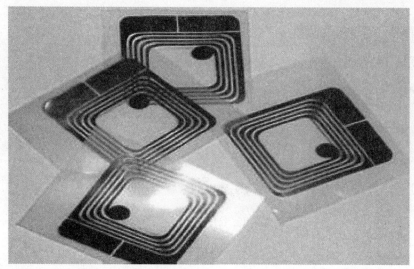

以直接进行验收入库。通过与相应的采购单进行核对，这批货物就可以很快地上货架存放。

（2）出库作业。同入库相似，由于在仓库出口处设有 RFID 读写器，因此不需要开箱检查里面的货物就可以直接进行验收出库。

4. 零售商

零售商需要装配 RFID 读写器。货物送达时，零售商的零售系统马上自动更新，将送到的每一箱货物记录下来。这样，零售商可以自动确认该种货物的存货量，精确可靠，无成本出现。

除此之外，零售商的零售货架装有集成式读写器。商品进货时，货架能"认识"新增添的货物。此时，如果某一位顾客选购了一定量的该商品，该货架就会向零售商的自动补货系统发出一个补货信息。

RFID 还能方便顾客结算。顾客不需要长时间排队等候付款，只需推着所选物品出门，装在门上的读写器就可以通过货物的信息辨认购物车里的货物，顾客只要刷一下付款卡或信用卡即可离去。

 任务描述

解决方案要点 ➡

1. 分析条码技术和 RFID 技术在流通过程中应用时有哪些区别。

2. 根据上述情境描述的信息，为该烟草公司选择合适的 RFID 类型。

3. 分析目前 RFID 技术没有在超市普遍应用的原因。

成果评价

考核项目		考核要点	学生自评（30%）	教师评分（70%）
任务准备工作		准备充分，能按照老师要求阅读情境描述内容，提炼关键词，并标记不理解的词语	10分	10分
任务完成情况		在规定时间内按照要求完成3个任务	50分	50分
成果展示情况		能按照老师要求以合理的形式展示或汇报完成的成果	20分	20分
职业素养	遵守时间	不迟到，不早退，遵守课堂纪律	5分	5分
	现场5S	爱护教室环境，合理操作设备，做好现场5S	5分	5分
	团队协作	积极参与讨论，服从整体安排	5分	5分
	语言能力	积极回答问题，条理清晰	5分	5分
总分（满分100分）				
教师点评		（1）任务准备工作： （2）任务完成质量： （3）成果展示表现： （4）职业素养方面：		

任务 2　生物识别技术在流通中的应用方案设计

能力目标

1. 能理解物流拣选流程；
2. 能绘制语音拣选流程图。

情境描述

　　天津某物流股份有限公司拥有北京、天津和河北三处大型物流基地，完成了物流基地京津冀地区的布局，拥有仓储面积 7 万平方米，自主车队运输车辆近 200 辆，配送能力已辐射整个京津冀地区，2017 年实现业务总额 50 亿元。该公司是京津冀地区投入运营规模最大、现代化程度最高的第三方商业物流企业，连续三年成为国内同行业唯一被中国物流与采购联合会评定的 5A 级物流企业。

　　在信息化建设上，该公司率先采用自动化立体仓库作业，以条码技术为核心，应用无线网络通信技术和 RF 技术，在全国率先引进了电子标签拣选系统、语音拣选系统、运输调度管理系统等，借助强大的信息系统支撑，实现了仓库全程无纸化作业、智能化管理，订单的全程闭环跟踪与监控。

　　语音拣选技术是一种国际先进的物流应用技术，它是将任务指令通过 TTS（Text to Speech）引擎转化为语音播报给作业人员，并采用波型对比技术将作业人员的口头确认转化为实际操作的技术。在欧美很多国家中，企业通过实施语音技术提高了员工拣选效率，从而降低了最低库存量及整体运营成本，并且大幅减少错误配送率，最终提升企业形象和客户满意度。

　　语音拣选可以分为三个步骤：第一，操作员听到语音指示，会给操作员一个巷道号和货位号，系统要求他（她）说出货位校验号；第二，操作员把这个货位校验号读给系统，当作业系统确认校验号正确后，会向操作员语音播报他（她）所需选取的商品名称和数量；第三，操作员从货位上搬下该商品，并用语音回复系统任务完成，然后依次循环拣取该订单所有商品。语音拣选技术对操作员的口音没有要求，各地的口音和方言都能快速识别，对于提升作业效率、提高工作准确率具有明显效果。

语音拣选现场作业图

任务描述

1. 提炼上述情境中的关键词并标出不理解的词语。

2. 根据上述情境描述，绘制语音拣选流程图。

3. 对比无纸化语音拣选作业和有纸化状态下的 RF 拣选作业流程，分析各自的优势和劣势。

解决方案要点 ➡

 ## 成果评价

考核项目		考核要点	学生自评（30%）	教师评分（70%）
任务准备工作		准备充分，能按照老师要求阅读情境描述内容，提炼关键词，并标记不理解的词语	10 分	10 分
任务完成情况		在规定时间内按照要求完成 3 个任务	50 分	50 分
成果展示情况		能按照老师要求以合理的形式展示或汇报完成的成果	20 分	20 分
职业素养	遵守时间	不迟到，不早退，遵守课堂纪律	5 分	5 分
	现场 5S	爱护教室环境，合理操作设备，做好现场 5S	5 分	5 分
	团队协作	积极参与讨论，服从整体安排	5 分	5 分
	语言能力	积极回答问题，条理清晰	5 分	5 分
总分（满分 100 分）				
教师点评		（1）任务准备工作： （2）任务完成质量： （3）成果展示表现： （4）职业素养方面：		

任务3　图像识别技术在流通中的应用方案设计

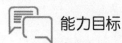

能力目标

1. 能理解图像识别技术的应用领域；
2. 能将图像识别技术的应用迁移至不同领域。

情境描述

图像识别是人工智能的一个重要领域。图像识别的发展经历了文字识别、数字图像处理与识别以及物体识别三个阶段。图像识别就是对图像做出各种处理、分析，最终识别所要研究的目标。目前的图像识别并不仅仅是用人的肉眼，而是借助计算机进行识别。虽然人类的识别能力很强大，但是现在已经满足不了自身需求，为了让计算机代替人类去处理大量的物理信息，解决人类无法识别或者识别率特别低的信息，于是就产生了基于计算机的图像识别技术。

图像识别技术在公共安全、生物、工业、农业、交通、医疗等很多领域都有应用。例如，交通方面的车牌识别系统；公共安全方面的人脸识别技术、指纹识别技术；农业方面的种子识别技术、食品品质检测技术；医学方面的心电图识别技术；等等。

车牌识别系统现场过程图

目前，图像识别技术已被广泛应用在智能交通系统中，其中主要涉及车牌识别、违章识别、行人闯红灯识别等。在车牌识别中，利用图像识别技术，快速扫描车牌，并拍摄车辆车牌的照片，系统自动识别，为追踪车辆、处罚违规行为等工作提供依据；在违章识别中，根据道路情况，拍摄车辆整个行进照片，分析车辆的车速、路径等参数，自动识别违章行为，并传送到交通控制中心，以便于后续的处罚工作。行人闯红灯是常见的违法行为，根据某城市的 2013—2017 年行人死亡数据分析，由于闯红灯死亡的行人占 21.5%，该城市相关管理部门设置了很多警示标语并出台了各种管理办法，也无法杜绝行人闯红灯行为，隐藏着巨大的安全隐患。利用图像识别技术，可以快速识别闯红灯者的身份并按照相关规定进行处罚。

 任务描述

1. 提炼上述情境中的关键词并标出不理解的词语。

2. 根据上述情境描述，结合图像识别技术在车牌识别中的原理，设计基于图像识别技术的具有提示和处罚功能的行人闯红灯图像识别系统，并描述该系统的工作过程。

解决方案要点 ➡

 成果评价

考核项目		考核要点	学生自评（30%）	教师评分（70%）
任务准备工作		准备充分，能按照老师要求阅读情境描述内容，提炼关键词，并标记不理解的词语	10 分	10 分
任务完成情况		在规定时间内按照要求完成 2 个任务	50 分	50 分
成果展示情况		能按照老师要求以合理的形式展示或汇报完成的成果	20 分	20 分
职业素养	遵守时间	不迟到，不早退，遵守课堂纪律	5 分	5 分
	现场 5S	爱护教室环境，合理操作设备，做好现场 5S	5 分	5 分
	团队协作	积极参与讨论，服从整体安排	5 分	5 分
	语言能力	积极回答问题，条理清晰	5 分	5 分

续前表

考核项目	考核要点	学生自评（30%）	教师评分（70%）
	总分（满分100分）		
教师点评	（1）任务准备工作： （2）任务完成质量： （3）成果展示表现： （4）职业素养方面：		

任务4　自动识别技术在无人超市中的应用方案

能力目标

1. 能使用合适的工具绘制自动识别场景下的操作流程图；
2. 能理解各类自动识别技术在无人超市中所起的作用。

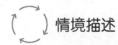

情境描述

2015年6月6日，北京某商业区出现首个无人超市并试运营了一天，但第二天就恢复了有人运营。通过对监控视频的分析发现，大多数人通过扫描二维码、刷卡或支付现金进行了结账，但也有人放下10元钱却拿走了价值数百元的烟酒。

这个无人超市的运营模式是：店内在无须补货的情况下不会有员工在现场工作。如果顾客需要购买商品，可以扫描货架上对应商品旁边的二维码进行支付，也可以将现金投入现金箱，找零可从零钱箱中自取。据店员统计，当天共卖出1.67万元的商品，收到顾客的自助付款约1.37万元，应收账款和实际收款相差3 000元，付款率达82%。

此次无人超市的一天试运营是一家征信机构在进行信用测试，该公司对结果表示满意，认为无人收银模式未来在中国有望很快实施。但在2015年7月，通过网络调查显示，80%以上的网民认为无人超市在中国不可能成功运营下去。

2018年1月，天津中新生态城的京东无人超市正式营业，利用人工智能、射频识别以及生物识别等多项技术，实现全程自助购物。当某类商品销售完需要补货时店内才会出现工作人员。天津中新生态城的京东无人超市运行半年，未发生逃单事件。

京东无人超市工作人员补货场景

 任务描述

1. 分析 2015 年北京运营的无人超市和 2018 年天津运营的无人超市有哪些区别。

2. 根据上述情境描述的信息，结合网络资源和自身经历，描述京东无人超市应用了哪些自动识别技术。

3. 绘制京东无人超市顾客购物和结账流程图。

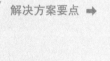 解决方案要点 ➡

 成果评价

考核项目	考核要点	学生自评 （30%）	教师评分 （70%）
任务准备工作	准备充分，能按照老师要求阅读情境描述内容，提炼关键词，并标记不理解的词语	10 分	10 分
任务完成情况	在规定时间内按照要求完成 3 个任务	50 分	50 分

续前表

考核项目		考核要点	学生自评（30%）	教师评分（70%）
成果展示情况		能按照老师要求以合理的形式展示或汇报完成的成果	20分	20分
职业素养	遵守时间	不迟到，不早退，遵守课堂纪律	5分	5分
	现场5S	爱护教室环境，合理操作设备，做好现场5S	5分	5分
	团队协作	积极参与讨论，服从整体安排	5分	5分
	语言能力	积极回答问题，条理清晰	5分	5分
总分（满分100分）				
教师点评		（1）任务准备工作： （2）任务完成质量： （3）成果展示表现： （4）职业素养方面：		

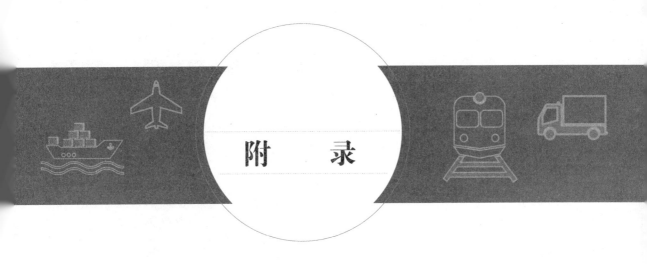

附录1　专业术语及释义

术语	解　释
自动识别和数据采集	一项用于自动采集数据的技术，包括条码技术、智能卡技术、生物识别技术和射频识别技术。
国际物品编码协会（现在称 GS1）	位于比利时的布鲁塞尔和美国的普林斯顿，是管理 GS1 体系的组织，其成员是 GS1 MO。
条码	将数据编码为机器可识读的符号，这种符号由具有可变宽度的矩形的深色条和浅色空组成，条空并行排列。
一维条码	一种条码符号，在一维空间中使用条、空进行编码。
二维条码	光学可识读符号，需要在水平方向和垂直方向识读全部信息。二维条码符号有两种类型：矩阵式和行排式。二维条码具有检错与纠错特性。
条码检验	使用 ISO/IEC 认可的条码检测仪，基于 ISO/IEC 标准，对条码印刷质量进行评估。
单元	条码的一个条或空。
单元数据串	由 GS1 应用标识符和 GS1 应用标识符数据段组成。
定长	用以描述单元数据串的数据段，由既定数量字符来表示。
空白区	在条码符号起始符之前和终止符之后的空白区域，通常被叫作空白区或浅色边缘。
全数据串	条码识读器从数据载体中识读的数据，包括码制标识符和被编码的数据。
附加符号	用于对主条码符号的补充信息进行编码的条码符号。
数字字母型	包括字母字符、数字以及其他如标点符号的字符集。

续前表

术语	解释
光孔/孔径	一个物理开口，是诸如扫描器、光度计或照相机等设备的光学路径的一部分。多数光孔/孔径是圆形的，也可以是矩形或椭圆形。
属性	为实体提供附加信息的字符串，与 GS1 标识关键字配合使用。如与 GTIN 相关的批号。
自动辨识能力	识读器自动识别多种条码码制并译码的能力。
条宽增加/减少	由于复印和印刷引起的条宽的增加/减少。
保护框	位于条码符号的顶部和底部或位于条码符号四周的条，用于防止条码符号的误读或提高条码符号的印刷质量。
校验位	从 GS1 标识关键字的其他数据中计算出的最后一位数字，用于检查数据的正确组成。
厂商代码	GS1 公司前缀的组成部分。
限域流通代码	一种 GS1 识别代码，用于限域流通环境下的特殊应用，由当地 GS1 成员组织自定义（如限制在一个国家、企业或产业内流通），GS1 将其分配给使用者，既可以在企业内部使用，也可由成员组织根据本国商业需求分配（如优惠券）。
复合码	GS1 系统中的复合符号，由线性组分（对单元基本标识进行编码）和邻近相关的复合组分（对补充数据，如批号或有效期进行编码）组成。复合符号通常包括一个线性组分以确保可被所有的扫描技术识读，并可使得图像扫描仪能够利用线性组分作为邻近二维复合组分的定位图形。复合符号通常包括三种多行二维复合组分（例如 CC-A，CC-B，CC-C），与线性的面阵的 CCD 扫描仪以及现行的光栅激光扫描仪兼容。
链接	在一个条码符号里表示几个单元数据串。
优惠券	一个凭证，其在销售点可被兑换成一定数量的现金价值或免费的货品。
优惠券扩展条码	一个补充条码符号，仅在北美地区使用，可以印在优惠券上以提供附加信息，如优惠代码、到期日、券商标识号。
数据载体	用机器可读的格式来表示数据的方法，用于对单元数据串的自动识读。
数据字符	在单元数据串的数据域里表示的字母、数字或其他符号。
数据矩阵码	一个独立的二维矩阵码制，该码制四周为寻像图形，内由方形模块构成。数据矩阵码 ISO 版本 ECC200 是唯一支持 GS1 系统标识代码的版本。数据矩阵码包括功能 1 字符，由二维图像扫描器或者视觉系统识读。
数据区	包含 GS1 标识关键字和 RCN，或属性信息的区域。
默认头	零售消费贸易项目的一端，用作获取尺寸属性的起始点，以实现数据校准。
直接标记	在一个项目上标记符号的过程，可以使用侵入式或非侵入式的方法标记。

续前表

术语	解释
直接印刷	印刷设备通过与印刷载体的物理接触进行符号印刷的过程（诸如苯胺印刷术、喷墨印刷术、点阵印刷术）。
EAN/UPC 复合码体系	一个条码体系，包含 UPC-A 复合码、UPC-E 复合码、EAN-8 复合码，以及 EAN-13 复合码。
EAN/UPC 码制	一个条码体系，包含 EAN-8、EAN-13、UPC-A 和 UPC-E 条码。虽然 UPC-E 条码没有单独的码制标识符，但在扫描应用软件里它们可被识别为一个独立的码制。
EAN-13 条码	EAN/UPC 码制中的条码符号，用于 GTIN-13、优惠券-13、RCN-13 和 VMN-13 的条码表示。
EAN-8 条码	EAN/UPC 码制中的条码符号，用于 EAN/UCC-8、RCN-8 的条码表示。
EANCOM	GS1 开发的用于电子数据交换的标准，规定了运用 GS1 标识的 UN/EDIFACT 标准报文的实施导则。
GS1 XML	是一项可扩展标识语言架构下（XML）的 GS1 标准，为用户实施电子商务提供一个全球商业报文语言，以有效实施基于互联网的电子商务。
电子商务	用信息化手段（如电子数据交换和自动数据采集）进行商业通信和管理。
电子报文	由扫描中获得的单元数据串和交易信息组成，在用户应用中用于数据的确认和准确处理。
产品电子代码	通过 RFID 标签和其他方式对物理实体（例如贸易项目、资产以及位置）进行的统一标识。标准的 EPC 数据由 EPC 代码（或 EPC 标识符，唯一标识一个单独的实体）以及可选的滤值组成。该滤值用于实现 EPC 标签的高效识读。
定量贸易项目	一个贸易单元，按相同的预定规格（类型、大小、重量、容量、设计等）制造，可以在供应链上的任何一点销售。
常规零售消费贸易项目	一个零售消费贸易项目，由 GTIN-13、GTIN-12 或 GTIN-8 标识，使用全向线性条码，确保条码可以被高容全向扫描仪扫描。
标识代码	一个数字或数字字母域，用于区分不同的实体。
全球贸易项目代码	GS1 标识关键字，用于标识贸易项目，由一个 GS1 公司前缀、一个项目参考和一位校验位组成。
全球位置码	GS1 标识关键字，用于标识物理地址或法律实体，由 GS1 公司前缀、位置参考代码和校验位组成。
全球可回收资产标识	GS1 标识关键字，用于标识可回收资产，由一个 GS1 公司前缀、资产类型、校验位和可选系列号组成。
全球单个资产标识	GS1 标识关键字，用于标识单个资产。包括 GS1 公司前缀和单个资产参考。

续前表

术语	解释
系列货运包装箱代码	GS1 标识物流单元的关键字。由扩展位、GS1 公司前缀、系列参考号和校验位组成。
全球货物托运标识代码	GS1 标识关键字，用于标识运输单（例如 HWB）下物流单元或运输单元的一个逻辑分组。该关键字由 GS1 公司前缀和托运方或承运方的运输参考代码组成。
全球货物装运标识代码	GS1 标识关键字，针对由发货方（卖方）向收货方（买方）发送的货物，用于标识物流单元或运输单元的逻辑分组，该代码与发运通知或 BOL 信息关联。该关键字由 GS1 公司前缀、托运参考代码和校验位组成。
全球服务关系代码	GS1 标识关键字，用于标识服务提供商和服务接受方的关系，由 GS1 公司前缀、服务参考代码和校验位组成。
全球标准管理程序	GS1 创建的全球标准管理程序（GSMP），以支持 GS1 系统的标准开发活动。GSMP 使用全球一致的流程，基于商业需求和用户驱动开发供应链标准。
GS1 应用标识符	在一个数据串的开头，由一个或多个数字组成，用于唯一定义该数据串的格式和含义。
GS1 标识关键字	所有 GS1 商业机构可以使用的全球化管理系统，可以标识贸易项目、物流单元、位置、法律实体、资产、服务关系以及其他。关键字是由 GS1 公司前缀和相关参考代码组成。
GS1-128 码制	128 码的子集，由 GS1 体系的数据结构专用。
GTIN-12	12 位的 GS1 标识关键字，由 UPC 公司前缀、项目参考和校验位组成，用于标识贸易项目。
GTIN-13	13 位的 GS1 标识关键字，由 GS1 公司前缀、项目参考和校验位组成，用于标识贸易项目。
GTIN-14	14 位的 GS1 标识关键字，由指示符（1～9）、GS1 公司前缀、项目参考和校验位组成，用于标识贸易项目。
RCN-8	8 位的限域流通代码。
RCN-12	12 位的限域流通代码。
RCN-13	13 位的限域流通代码。
VMN-12	可以在零售端扫描。结合 UPC 前缀 2，根据每个 UPC-A 符号编码的 12 位限域流通代码，由目标市场具体规则定义。
VMN-13	可以在零售端扫描。结合 GS1 前缀 20～29，根据 EAN-13 符号编码的 13 位限域流通代码，每个目标市场具体规则定义。
GTIN-8	8 位的 GS1 标识关键字，由 UPC 公司前缀、项目参考和校验位组成，用于标识贸易项目。

续前表

术语	解 释
ITF-14 条码	交插 25 条码的子集,用于标识不通过 POS 结算的贸易项目的 GTIN。
UPC-A 条码	EAN/UPC 码制的一种,对 GTIN-12、优惠券-12、RCN-12 和 VMN-12 进行条码表示。
UPC-E 条码	EAN/UPC 码制中的一种,利用零压缩技术,用 6 个编码数字标识 GTIN-12 代码。

附录 2 GS1 已分配给国家(地区)编码组织的前缀码

前缀码	编码组织所在国家 (地区)/应用领域	前缀码	编码组织所在国家 (地区)/应用领域
000～019 030～039 060～139	美国	627	科威特
020～029 040～049 200～299	店内码	628	沙特阿拉伯
050～059	优惠券	629	阿拉伯联合酋长国
300～379	法国	640～649	芬兰
380	保加利亚	690～699	中国
383	斯洛文尼亚	700～709	挪威
385	克罗地亚	729	以色列
387	波黑	730～739	瑞典
389	黑山共和国	740	危地马拉
400～440	德国	741	萨尔瓦多
450～459 490～499	日本	742	洪都拉斯
460～469	俄罗斯	743	尼加拉瓜
470	吉尔吉斯斯坦	744	哥斯达黎加
471	中国台湾	745	巴拿马
474	爱沙尼亚	746	多米尼加

续前表

前缀码	编码组织所在国家 （地区）/应用领域	前缀码	编码组织所在国家 （地区）/应用领域
475	拉脱维亚	750	墨西哥
476	阿塞拜疆	754～755	加拿大
477	立陶宛	759	委内瑞拉
478	乌兹别克斯坦	760～769	瑞士
479	斯里兰卡	770～771	哥伦比亚
480	菲律宾	773	乌拉圭
481	白俄罗斯	775	秘鲁
482	乌克兰	777	玻利维亚
484	摩尔多瓦	778～779	阿根廷
485	亚美尼亚	780	智利
486	格鲁吉亚	784	巴拉圭
487	哈萨克斯坦	786	厄瓜多尔
488	塔吉克斯坦	789～790	巴西
489	中国香港	800～839	意大利
500～509	英国	840～849	西班牙
520～521	希腊	850	古巴
528	黎巴嫩	858	斯洛伐克
529	塞浦路斯	859	捷克
530	阿尔巴尼亚	860	南斯拉夫
531	马其顿	865	蒙古
535	马耳他	867	朝鲜
539	爱尔兰	868～869	土耳其
540～549	比利时和卢森堡	870～879	荷兰
560	葡萄牙	880	韩国

续前表

前缀码	编码组织所在国家（地区）/应用领域	前缀码	编码组织所在国家（地区）/应用领域
569	冰岛	884	柬埔寨
570～579	丹麦	885	泰国
590	波兰	888	新加坡
594	罗马尼亚	890	印度
599	匈牙利	893	越南
600～601	南非	896	巴基斯坦
603	加纳	899	印度尼西亚
604	塞内加尔	900～919	奥地利
608	巴林	930～939	澳大利亚
609	毛里求斯	940～949	新西兰
611	摩洛哥	950	GS1 总部
613	阿尔及利亚	951	GS1 总部（产品电子代码）
615	尼日利亚	960～969	GS1 总部（缩短码）
616	肯尼亚	955	马来西亚
618	象牙海岸	958	中国澳门
619	突尼斯	977	连续出版物
621	叙利亚	978～979	图书
622	埃及	980	应收票据
624	利比亚	981～983	普通流通券
625	约旦	990～999	优惠券
626	伊朗		

注：以上数据截止到 2016 年 11 月。

参考文献

[1] 张成海，张铎，张志强，陆光耀．条码技术与应用·高职高专分册（第二版）[M]．北京：清华大学出版社，2017.

[2] 张成海，张铎，赵守香，徐国银．条码技术与应用·本科分册（第二版）[M]．北京：清华大学出版社，2017.

[3] 张铎．物流标准化教程 [M]．北京：清华大学出版社，2011.

[4] 张成海，张铎．物联网与产品电子代码（EPC）[M]．武汉：武汉大学出版社，2010.

[5] 张铎．物联网大趋势 [M]．北京：清华大学出版社，2010.

[6] 张铎．移动物流 [M]．北京：经济管理出版社，2012.

[7] 张成海，张铎．物流条码实用手册 [M]．北京：清华大学出版社，2013.

[8] 张铎，张倩．物流标准实用手册 [M]．北京：清华大学出版社，2013.

[9] 国家标准化管理委员会网站（http：//www.sac.gov.cn）.

[10] 中国物品编码中心网站（http：//www.ancc.org.cn）.

图书在版编目（CIP）数据

条码技术与应用/薛立立，董春利主编．—北京：中国人民大学出版社，2018.11
21世纪高职高专规划教材．物流管理系列
ISBN 978-7-300-26358-8

Ⅰ.①条… Ⅱ.①薛… ②董… Ⅲ.①条码技术-高等职业教育-教材 Ⅳ.①TP391.44

中国版本图书馆 CIP 数据核字（2018）第 236510 号

普通高等职业教育"十三五"规划教材
21世纪高职高专规划教材·物流管理系列
条码技术与应用
主　编　薛立立　董春利
副主编　胡玉洁　缠　刚　张　扬
Tiaoma Jishu yu Yingyong

出版发行	中国人民大学出版社		
社　　址	北京中关村大街 31 号	**邮政编码**	100080
电　　话	010 - 62511242（总编室）		010 - 62511770（质管部）
	010 - 82501766（邮购部）		010 - 62514148（门市部）
	010 - 62515195（发行公司）		010 - 62515275（盗版举报）
网　　址	http://www.crup.com.cn		
	http://www.ttrnet.com(人大教研网)		
经　　销	新华书店		
印　　刷	北京东君印刷有限公司		
规　　格	185 mm×260 mm　16 开本	**版　　次**	2018 年 11 月第 1 版
印　　张	14.25	**印　　次**	2018 年 11 月第 1 次印刷
字　　数	310 000	**定　　价**	38.00 元